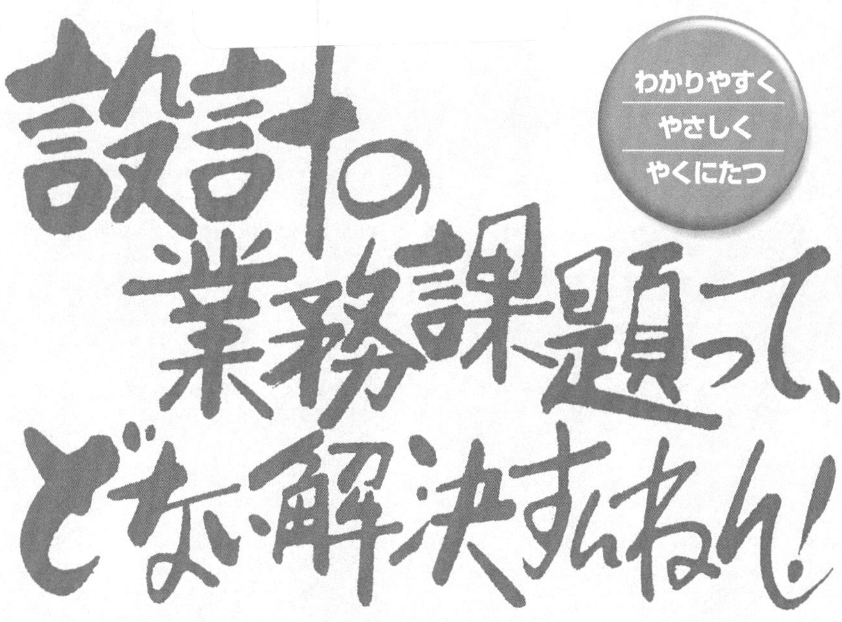

上司と部下のFAQ

設計工学編

山田 学 監修
Yamada Manabu
春山 周夏 著
Haruyama Shuka

日刊工業新聞社

はじめに

設計の仕事

大学3年生のときに設計製図の授業がありました。エンジンを設計し製図するというものでした。圧縮比、ボア径、ストローク比、様々な数値を計算して、図面に落とし込む。授業の合間や夕方にバズーカ（図面を入れるための筒をこう呼んでいた）を持って製図室に行き、手書きで図面を描くための製図台、ドラフターとにらめっこ。わからないことがあれば、同じようにドラフターとにらめっこしている同級生に聞く。図面がある程度描けたら、教授のところへ行きチェックを受ける。このような過程を通して「これが設計の仕事か！」と感じたものです。

3年後に重電機器を扱うメーカーに就職しました。主に生産設備の設計開発や現場改善を担う生産技術部に配属となり、機械設計の仕事をやっていくうちに、学生時代に感じた「設計の仕事」は、主要な部分だけど「設計の仕事」のほんの一部であったことを痛感しました。

「ISOってなんやねん?!」「リスクアセスメントって設計者がやるの?!」「FTAって初めて聞くんですけど・・・」「環境問題と設計って関係なくない?」「特許って知財部の仕事でしょ?!」

いえいえ、全て「設計の仕事」でした。

この本の内容

この本はキーワード解説方式で書かれています。キーワード解説なんてネットで検索すれば山のように出てきます。しかしこの本にはネットで検索しても出てこない内容が書かれています。それは「どのような業務シチュエーションでそのキーワードを使うのか？」ということです。

冗長化というキーワードを例にとります。ネットで検索すると次のような解説がたくさん出てくると思います。「冗長化とは機器やシステムの一部に障害が発生することを想定して予備を配置すること。」

本書では、ロボットハンドによく使われるエアチャックが部品をつかんだかどうかを検知するセンサを冗長化した筆者の実例を挙げて解説しています。

つまり、この本は筆者の経験に基づき業務シチュエーションを想定することで、設計者の仕事、業務課題と解決にそのキーワードがどのように関係しているかを解説する内容となっています。

この本を読んでいただきたい方

1. 将来は設計者として仕事をやりたい学生の皆さま

私は皆さまよりも少し早く設計者の仕事を経験しました。その内容が書かれています。ぜひ設計者の仕事を今のうちから覗いてみてください。

2. 設計者としてお仕事をされている皆さま

いわゆる「設計業務あるある」と思って手に取っていただけると幸いです。同じようなシチュエーションに出くわしたときにお役に立てるようにまとめました。

3. 設計者の上司の皆さま

皆さまの部下は本書に書いてある内容で四苦八苦されています。ご確認をお願いいたします。

設計の仕事は面白い！

新人の頃に初めて自分の設計したものが形になったとき、とても感動しました。ある装置の配線を支持する三角ブラケットの図面を描き、出来上がった部品が装置に取り付けられた現場でのこと。組立の職人さんが三角ブラケットを指さして「まぁまぁええやんけ。あれ。」と言っていただいたことをとてもよく覚えています。

設計の仕事は幅広く多岐にわたりますが、その原点はここにあると思っています。ただの三角ブラケットと侮るなかれ！ 世にない新しいものを創り出して使っていただく人に「これ、いいね！」と言っていただけた。こんなにうれしいことはないです。

「でもなぁ、穴の位置が悪くてボルト入らへんかったし。削っといたで！」
「え?!・・・すんません。」（加工図面チェックのやり方を見直そうっと。）

きっちりやったつもりでも次やるときはもっと改善できることがある。
だから設計の仕事は面白い！

最後に、本書の執筆にあたりご指導をいただきました株式会社ラブノーツ代表の山田学様、お世話いただいた日刊工業新聞社出版局の方々にお礼を申し上げます。

目次 CONTENTS

設計業務も知らずに設計はできない。

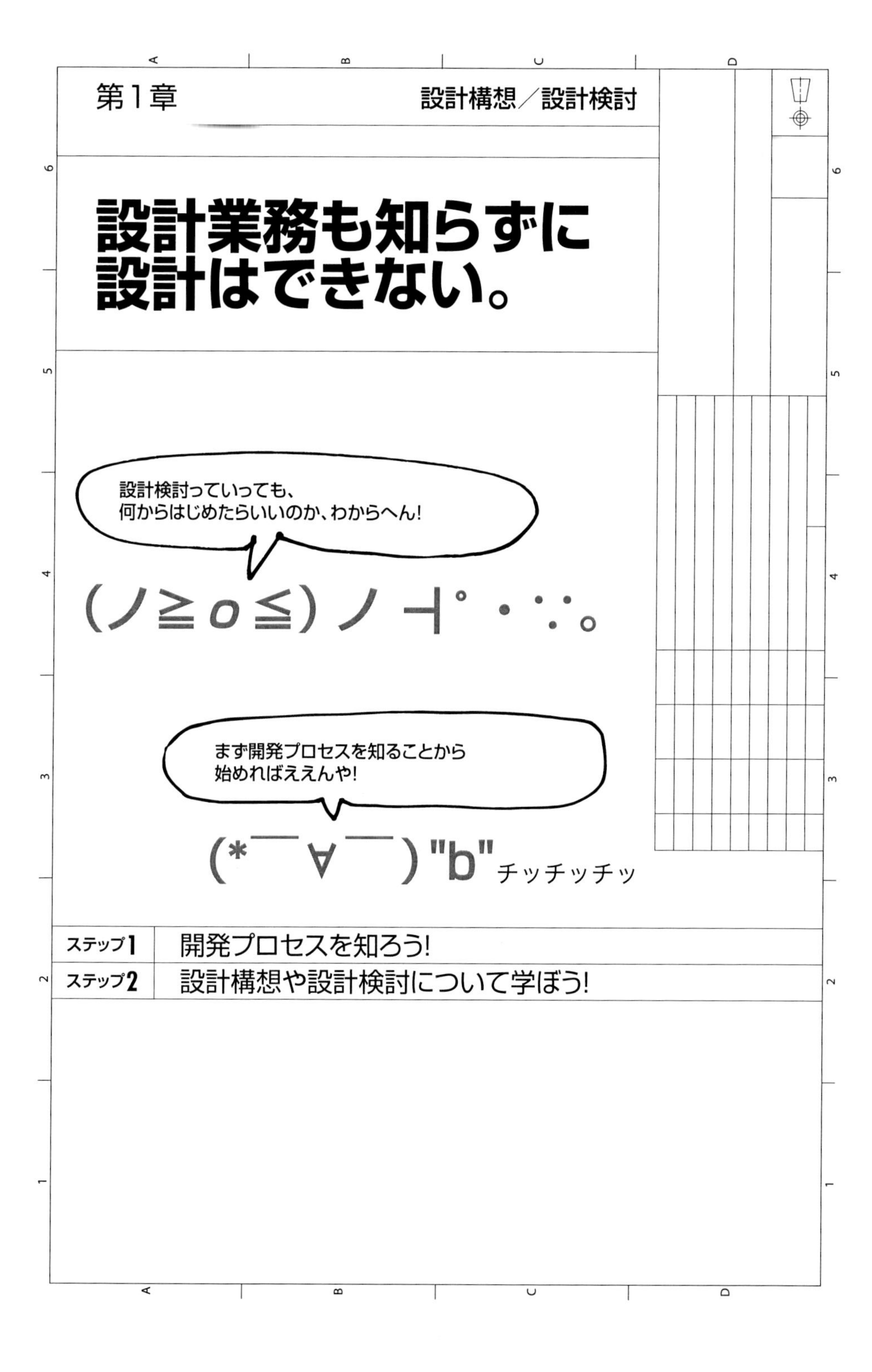

ステップ1	開発プロセスを知ろう!
ステップ2	設計構想や設計検討について学ぼう!

実務における課題と問題

課題 OJT（On-The-Job Training）の一環として、あるプロジェクトに参画することになった。設計リーダーより「開発プロセスの流れを知らなあかんで！ISOを調べてまとめておけよ」いわれた。

問題 ISO規格を調べてみると様々な番号の規格があり混乱してしまった。どの規格を調べるのが適切か？

解答選択欄
イ ISO9001　ロ ISO14001　ハ ISO27001
ニ ISO45001

【解説】 国際規格であるISOには、その番号によってさまざまな項目のルールが決められています。

ISO9001	品質管理マネジメントの国際規格で、顧客に品質のよい製品やサービスを提供することを目的とします。
ISO14001	環境保全マネジメントの国際規格で、環境への影響を考慮したマネジメント体制を構築することを目的とします。
ISO27001	情報セキュリティマネジメントシステムの国際規格で、情報の漏洩を防ぐことを目的とします。
ISO45001	労働安全衛生マネジメントシステムの国際規格で、従業員が安全な労働環境の下で働けるようにすることを目的とします。

これらの代表的な国際規格の中で、開発プロセスについてまとめられたものがISO9001です。

ISO9001はQMS（Quality Management System）と省略語で使われることもあります。

よって解答はイになります。

ステップ1　開発プロセスを知ろう!

実務における課題と問題

課題　**ISO9001の開発プロセスに基づき、設計者は設計INPUTに対して設計作業を忠実に進めなければいけないことがわかった。**

問題　設計INPUTとは何を示しているのか？

解答選択欄
イ　業務指示書　　ロ　企画書
ハ　プロジェクトのメンバー　　ニ　プロジェクトの予算

【解説】 新規製品を設計するにあたり、設計者が自由に仕様を決めることはありません。

設計部門の上流にある企画部門（あるいはマーケティング部門）が市場のニーズをとりまとめて、企画書として仕上げます。

ISO9001の開発プロセスにおいては、この企画書が設計INPUTであり、設計者は企画書に基づき忠実に設計作業を行うのです。

設計部門のOUTPUTは、工場サイドに提出する図面と技術資料です。

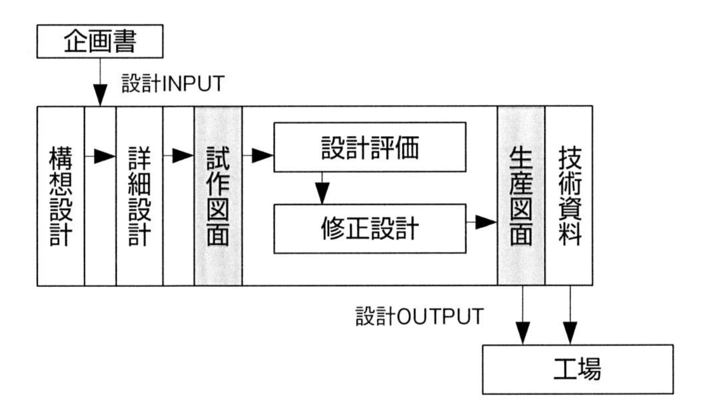

図1-1-1　設計INPUTとOUTPUT

よって解答はロになります。

実務における課題と問題

課題 設計業務には様々なステップが存在する。基本的な設計業務の流れをまとめるように命令された。

問題 それぞれのステップの間に、「DR」という言葉が出てきたが意味がわからない、DRとは何を意味するものか？

解答選択欄

イ　ステップ完了を報告する会議
ロ　業務の進行状況を報告する会議
ハ　コストダウンを検討する会議
ニ　設計内容を審査する会議

【解説】 DRとは、デザインレビュー（Design Review：設計審査）の意味で、設計のステップごとに開発目的に適合していることを確認、承認し、次の段階に移行可能かを審査する会議体です。

営業や設計、生産技術、品質保証、購買、製造など、それぞれの設計段階で関係する部署が参画して行われます。

DRを実施することで、設計部門担当者の思い込みなどによる見落としがないように、他部署による異なった視点でそれぞれの立場からのチェックが可能になります。

DRでは機能、性能、安全性、信頼性、操作性、デザイン、生産性、メンテナンス性、分解性、コスト、法令・規制、納期など、妥当性の確認ならびに課題の抽出を行います。

DRの結果は記録するだけでなく、課題に対する責任元と解決策の提案、納期まで記載することで課題解決状況を公開しながら進捗管理します。

よって解答はニになります。

実務における課題と問題

課題 このプロジェクトは、開発製品のスムーズな立ち上げを目指す、という課題を与えられている。

問題 そのため、開発の初期段階で課題を抽出し、事前に解決する開発スタイルであるリバースエンジニアリング(Reverse engineering)を採用しようと思うが、正しいか？

解答選択欄　○ or ×

【解説】 リバースエンジニアリングとは、競合製品を分解して、どのような構造からなり、どのような部品を使っているのかを詳細に調査することです。

開発の初期段階で課題を抽出し、事前に解決する開発スタイルのことを「フロントローディング型」といいます。

この活動によって試作段階はもとより生産段階での手戻りを極限まで減少させて開発期間の短縮、経費削減などの開発の効率化を狙うものです。

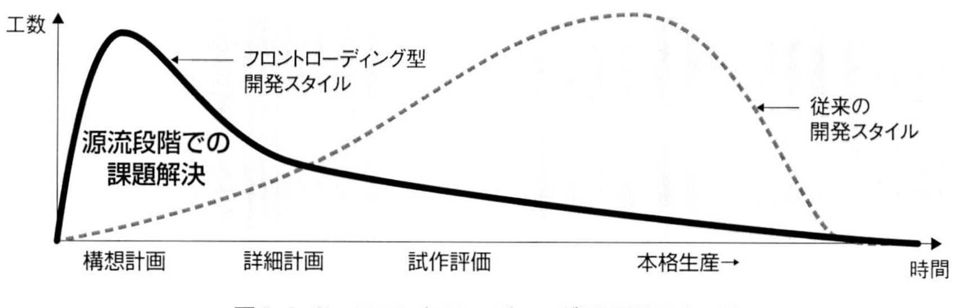

図1-1-2　フロントローディング型開発スタイル

よって解答は×になります。

実務における課題と問題

課題 **先輩より、簡単な構造部品を自力で設計するように命じられた。**

問題 設計作業に入る前に、まずは何をしなければいけないか？

解答選択欄
イ　従来機種の構造確認　　ロ　CADシステムの確認
ハ　製品仕様の確認　　ニ　与えられたスペースの確認

【解説】 設計完成度レベルを向上させるためには、次に示す製品仕様（設計基本要素）に留意して設計し始めなければいけません。製品仕様とは次のような指針が書かれたドキュメントです。

S（Spec）　：要求される製品仕様（機能・操作性・保守性）
Q（Quality）　：要求される品質特性
C（Cost）　：要求されるコスト
D（Delivery）　：要求される納期
S（Safety）　：要求される安全性
E（Environment）：要求される環境性・廃棄性

よって解答はハになります。

設計構想や設計検討について学ぼう!

実務における課題と問題

課題 製品を開発するにあたり「品質が一番大事やで！」と口酸っぱく教え込まれた。

問題 次の設計検討項目の中で、設計作業する際の心構えとして、どれが最優先であると思うか？

解答選択欄
イ　信頼性／耐久性　　ロ　コスト
ハ　安全性　　ニ　環境性

【解説】 設計をしていると必ず負のスパイラルに陥るのが、安全性や環境性、信頼性、コストとの関係です。どれを優先するかで設計形状や材質、加工方法が変わり、納期やコストに大きな影響を与えます。

安全性……事故や災害を起こすリスクに対して、許容できる状態にある
環境性……有害物質の不採用、温室効果ガスの低減、省エネルギー化に努める
信頼性……与えられた条件の下で、安定して要求機能を満足する
コスト……人件費や材料代など開発のプロセスに関わる一切の費用

上司にどれを優先するか確認すると必ず「全部や！」と答えが返ってきます。

しかし、“安全設計を怠った装置”は、いずれ人や財産に損害を与える事故を起こします。

設計の優先事項は、安全設計であることを肝に銘じておきましょう！

よって解答はハになります。

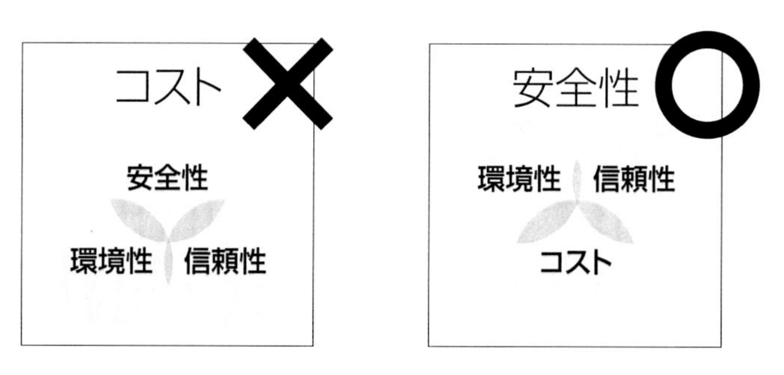

図1-2-1 設計優先順位

実務における課題と問題

課題 新プロジェクトのキックオフが終わり、いざ構想設計として構造案を考案しようとしているが、やるべき行動がよくわからない。

問題 構造を考えるにあたり、次のどのアイテムを使ってアイデアを出し始めるのが最適と思うか？

解答選択欄

イ　白紙に手描きのポンチ絵を描いて考えるべき。
ロ　方眼紙の上に定規を使って描いて考えるべき。
ハ　2次元CAD上に線を描いて考えるべき。
ニ　3次元CAD上でモデリングして考えるべき。

【解説】 大手企業～中堅企業においては、3次元CADを使った設計が普及してきました。それ以前には2次元CADを使った設計も当たり前のようにされてきました。そのため、なにか構造のアイデア出しをする際にCADの前に座って作業しがちになります。

構想設計では、設計仕様から思い浮かぶイメージを図やイラストにして具現化するためのアイデアの“見える化”のステップになります。

白紙の紙に手書きでイラストを描くときに、サイズを考えながらアイデアを出す人は少ないといえます。しかし、方眼紙やCADを使ってしまうと、自然とサイズを気にしてしまい、「直径は何mmが妥当か？」「この板厚で強度は十分なのか？」などと考えてしまう思考過程は、構想設計ではなく詳細設計そのものです。

そのため、ポンチ絵で2次元レイアウトや立体図を描いて徐々にイメージを膨らませていくのが、時間的に効率もよく、多くのベテラン設計者が実践している設計スタイルです。

よって解答はイになります。

Column　ポンチ絵を描こう!

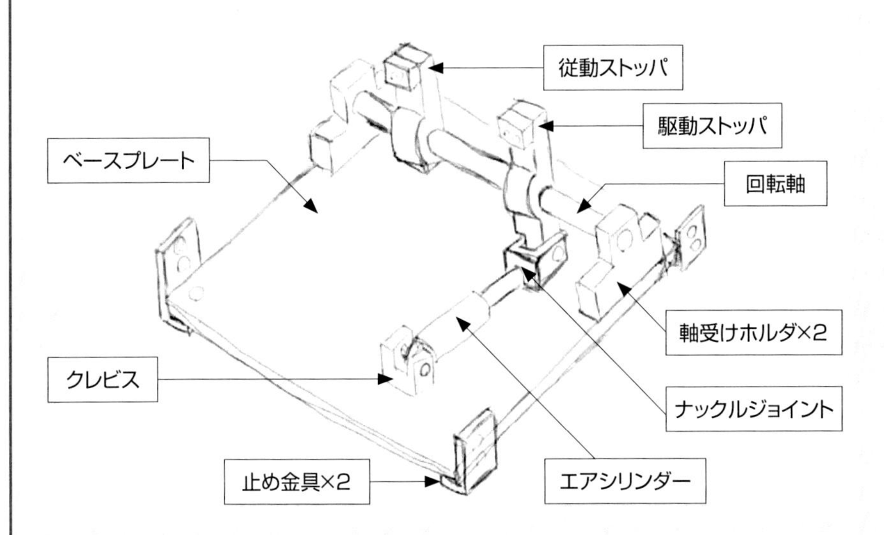

図1-2-2　ポンチ絵の例

ポンチ絵を描く目的は設計対象の構想を詰める前に、構想イメージを膨らませることにあります。設計者の思考を膨らませて整理することといってもよいでしょう。このとき絵の上手い下手は関係ありません。

私は業務上、様々な方が描いたポンチ絵を見させていただくことがありますが、私よりも上手な絵を描かれる方はいくらでもいます。

　まれに、線を重ねずに一本線で描く、斜め上から見下ろした鳥瞰図で描く、方眼紙を使いサイズを考慮して描く、などのルールを設けている方がおられます。

しかし最初のポンチ絵は上手くなくてよい。方眼紙や定規は使わなくてよい。フリーハンドでよいので、まずは自分の頭の中にある考えやアイデアを描いてみることが重要です。

私の場合、最初のポンチ絵は白紙のスケッチブックに描いています。

ルールがある場合はその次に、ルールに当てはめていけばよいでしょう。

ポンチ絵で思考を具体的に表現することで構想を見ることができるようになり、そこで初めて構想の不足やムダが見えてきます。

実務における課題と問題

課題　新しいプロジェクトは、既存製品を一部改変して短納期で製品を作り上げることが使命である。

問題　実績のある製品を変更する場合の開発手法として、DRBFM（Design Review Based on Failure Mode）が有効である。

解答選択欄　○ or ×

【解説】 DRBFMはDesign Review Based on Failure Modeの略で、トヨタ自動車によって確立され、多くの企業で活用されている体系的なFMEA（故障モード影響解析）の手法の一つです。

開発中の設計内容について、実績のある設計内容との「変更点」、「変化点」、「新規点」に着眼し、故障モードの影響を調べます。設計変更点をもとに不安項目について分析、検討を行うものです。

よって解答は○になります。

※FMEAについては、第3章で解説します。

メモメモ　DRBFMについて補足します。

表1-2-1　DRBFMフォーマットの例

部品	機能	相違点	故障モード		部品		お客様への影響	推奨する対応						対応の結果実施した活動
			機能不全 商品欠陥 製品上の問題	他の故障モード	原因・要因	他の原因・要因		設計へのフィードバック	担当期限	設計へのフィードバック	担当期限	設計へのフィードバック	担当期限	

DRBFMの最大の特徴は実績のある設計内容との「変更点」「変化点」「新規点」つまり相違点に着眼して評価を行うことです。

◆変更点：　設計者の意思によって変えた部分のことを指します。
（例）ねじで固定していた樹脂ケースをスナップフィット爪での固定に変更した。

◆変化点：　変更点に伴い、変わってしまう部分のことを指します。
（例）ねじでは発生していた軸方向の力（軸力）がなくなる。

◆新規点：　それまでの設計にはない新しい要素のことを指します。

DRBFMを行う目的は、相違点に絞ることで効率よく不安項目について分析と検討を行い、不具合を未然防止することです。

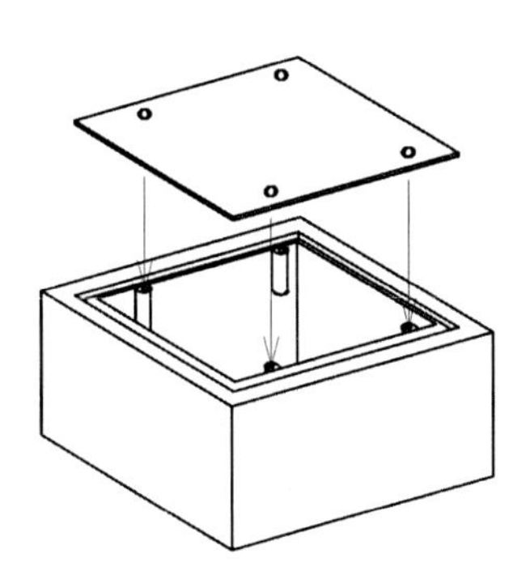

図1-2-3 ねじ固定の例

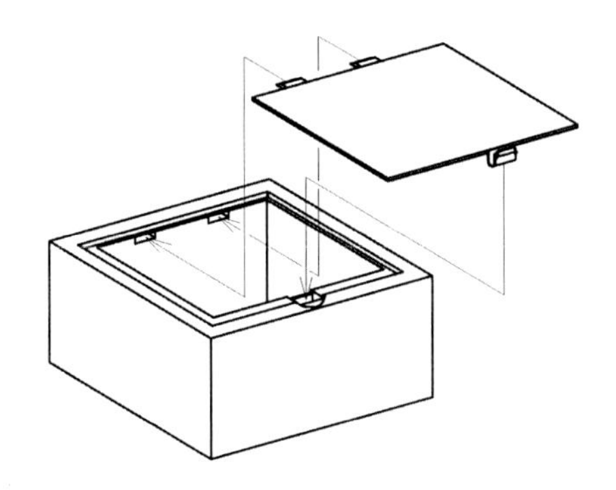

図1-2-4 スナップフィット爪の例

ステップ１ 開発プロセスを知ろう！

◆開発プロセスはまず企画部門からのINPUTがあり設計ステップを経て工場へOUTPUTします。

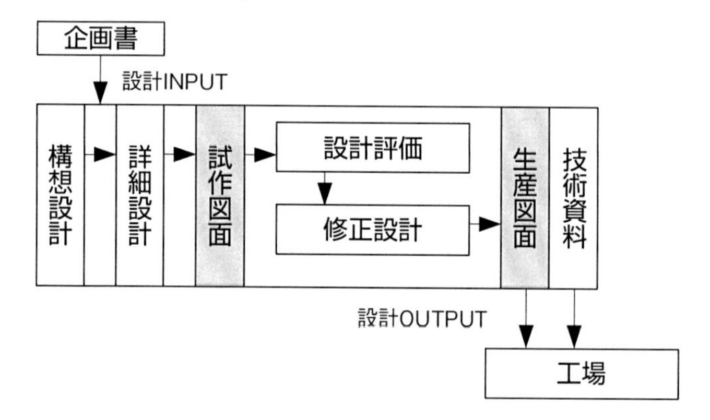

◆設計の各ステップでは設計内容を審査する、DRが行われます。

ステップ２ 設計構想や設計検討について学ぼう！

◆設計着手前にまず製品仕様を確認する必要があります。

S（Spec）：要求される製品仕様（機能・操作性・保守性）
Q（Quality）：要求される品質特性
C（Cost）：要求されるコスト
D（Delivery）：要求される納期
S（Safety）：要求される安全性
E（Environment）：要求される環境性・廃棄性

◆構想設計に当たり、まずはポンチ絵を描くことで構想イメージを膨らませることができます。

◆設計検討項目の中で優先すべき項目は「安全」です。

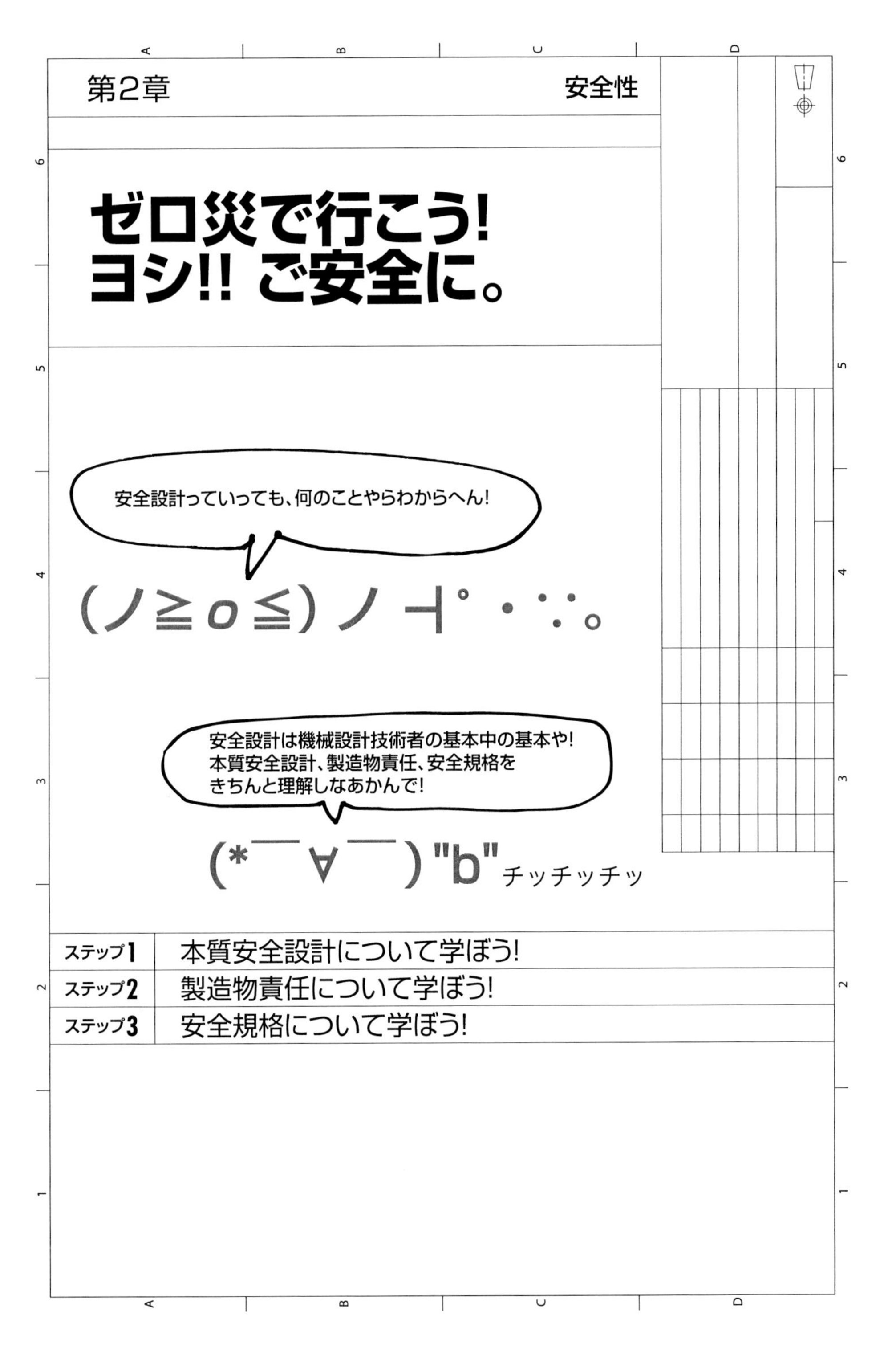
第2章
安全性
ゼロ災で行こう!
ヨシ!! ご安全に。
安全設計っていっても、何のことやらわからへん!
(ノ≧ο≦)ノ ┫゜・∵。
安全設計は機械設計技術者の基本中の基本や!
本質安全設計、製造物責任、安全規格を
きちんと理解しなあかんで!
(*￣∀￣)"b"チッチッチッ
ステップ1 本質安全設計について学ぼう!
ステップ2 製造物責任について学ぼう!
ステップ3 安全規格について学ぼう!

実務における課題と問題

課題　設計プロセスの一つ、デザインレビュー（DR）に先立って「設計対象のリスクをまずは自分で評価せなあかんで」と上司から指示があった。

問題　設計対象のリスク評価のために取り組むべきは次のうちどれか？

解答選択欄
イ　ハザードマップ
ロ　リスクマネジメント
ハ　リスクアセスメント
ニ　クライシスマネジメント

【解説】

イ　ハザードマップ
　自然災害による影響を予測しその範囲を地図上に表したものです。
ロ　リスクマネジメント
　リスクを組織的に管理し損失などを回避・低減するプロセスのことです。
ハ　リスクアセスメント
　設計対象の危険源などのリスクを特定し、分析・評価するための手法のことです。
ニ　クライシスマネジメント
　大地震など企業存続をゆるがす危機的状況が起きたときの対処方法を決めることです。

設計対象のリスクを評価する手法はリスクアセスメントです。

よって解答はハになります。

メモメモ　リスクアセスメントの手順について補足します。

表2-1-1　リスクアセスメント4 つの手順

手順1　危険の特定

過去の事例を中心に情報を集め、
ブレーンストーミングなどで危険となりうる箇所を特定する。

手順2　リスクの見積もり

重篤度と発生の可能性を見積もり、
評価点をつけて優先順位を決める。

手順3　リスクの低減

「JIS B 9700　機械類の安全性 -設計のための一般原則-
リスクアセスメント及びリスク低減」の中にある
リスクを低減する3ステップメソッドを用いる。

【ステップ1】　本質安全設計
①危険源の除去
②フール・プルーフ
③フェイル・セーフ
④冗長性

【ステップ2】　工学的処置
・安全防護によるリスクの低減不可保護方策の実施

【ステップ3】　使用上の情報
・マニュアルやエラー／アラーム表示などによる
注意喚起

手順4　リスクの再評価

リスク低減措置の効果を確認するためにリスクを再評価する。

Column リスクアセスメントをやってみよう!

リスクアセスメントを行うにあたっては、2つの視点があります。すなわち製品の構成要素が持つ危険と、人が何かの操作・作業を行う際に発生する危険です。

両者を区別せずにリスクアセスメントを行ってしまうと、過不足が出てしまうことがあります。

例えば、製品を持ち運びする際に手が滑って足に落としてしまうリスクを、構成要素の視点のみで考えていると、見落とすことになってしまいます。

2つの視点で整理すると、このような見落としを防ぐことができます。

表2-1-2　構成要素ごとのリスクアセスメント

構成要素	危険源	リスク			リスク低減措置	リスクの再評価		
		①重篤度	②発生確率	①×②		①重篤度	②発生確率	①'×②'
ヒーター	接触して火傷を負う。	2	3	6	カバーを付ける。	2	1	2
ファン	手指が巻き込まれる。	2	3	6	カバーを付ける。	1	1	1
カバー	カバーの角で手を切る。	2	3	6	角に丸みをつける。	1	1	1

表2-1-3　人の作業ごとのリスクアセスメント

操作・作業	危険源	リスク			リスク低減措置	リスクの再評価		
		①重篤度	②発生確率	①×②		①重篤度	②発生確率	①'×②'
運搬作業	手が滑り、足の上に落とす。	2	2	4	取っ手をつける。	2	1	2
組立作業	部品の角で手を切る。	2	3	6	角に丸みをつける。	1	1	1
カバー	漏電による感電や火災。	3	2	6	接地する。	2	1	2

リスクアセスメントを行ったら、必ず数値で評価して優先順位を決めます。
数値評価する項目はリスクが発生したときの重篤度と発生確率。この2つの数値の積算から優先順位を決定し対策を施します。

表2-1-4　リスクアセスメント評価指針例

重篤度の評価指針例

評価点	評価指針
3	死亡や体の一部に永久的な損傷を及ぼすもの。 1か月以上の休養を必要とする怪我を生じるもの。 一度に3人以上の被災者を伴うもの。
2	1か月未満の休養を必要とする怪我を生じるもの。 一度に2､3人の被災者を伴うもの。
1	かすり傷程度のもの。

発生確率の評価指針例

評価点	評価指針
3	製品を扱うたびにかなりの集中力をもってしても災害につながる。
2	うっかりで災害につながる。
1	意図的な行為で災害につながる。

表2-1-5　リスクアセスメント優先順位と対策指針例

評価の積算	優先順位	緊急度	対策指針
9 **6**	Ⅲ	直ちに解決すべき項目。	本質的な対策が望まれる。
4 **3**	Ⅱ	可能な限り素早く対策をとるべき項目。	本質的な対策が望ましいが、工学的な処置も可。
2 **1**	Ⅰ	必要に応じて対策をとる。	本質的な対策が望ましいが、使用上の情報提供も可。

実務における課題と問題

課題 DR（Design Review）で上司から「普通は触らへんっていうけど、ここの奥の隙間のここんとこにこうやって指を突っ込んだらケガするやん？」と指摘された。

問題 リスクアセスメントに基づく本質安全設計として適切でない方法は次のうちどれか？

解答選択欄
イ 駆動部全体を覆うカバーを設置する。
ロ 過負荷防止機構などを使い、生じる力を小さくする。
ハ 鋭利な角、端部、突起のない構造とする。
ニ 人と接触したときに被害が生じないように力を小さくする。

【解説】 本質安全設計で重要なポイントは機械が発する力などを弱くして被害を生じさせないようにしたり、危険な部位を危険のないような構造にしたりすることです。

つまり危険源を取り除くことです。

駆動部全体を覆うカバーの設置は危険源がカバーの中に残ったままになるため、本質安全とはいえません。例えばカバーの設置だけでは駆動中にカバーを外せば駆動部に触ることができてしまいます。カバーが開くと停止するような工夫が必要です。カバーの設置は工学的処置になります。

よって解答はイになります。

どんなものでも危険ゼロは無理やけどステップを踏んだら危険を小さくできるんや！

メモメモ **リスク低減ステップ1、本質安全化のための4つの手順について補足します。**

1. 危険源除去　：危険を除くような設計にします。
2. フール・プルーフ：作業者が間違った操作ができないように設計します。
3. フェイル・セーフ：異常時に危険な動作をしないように設計します。
4. 冗長性　：予備の設備・システムを配置して万が一に備えます。

ステップ1　# 本質安全設計について学ぼう!

実務における課題と問題

課題　「人が出入りする扉を電磁弁とエアシリンダで動かしとるけど、動作中に非常停止ボタン押したら開くの？閉まるの？どない動くねん！？」と上司から質問された。

問題　フェイル・セーフの観点からどのように動作させればよいか？次のうちから選べ。

解答選択欄

イ　空気圧をかけて 強制的に扉を閉める。
ロ　空気圧をかけて強制的に扉を開ける。
ハ　空気圧をかけて 扉が動かないようにする。
ニ　空気圧を抜いて扉の開閉をフリーにする。

【解説】 非常停止を押したときに扉が閉まってしまったら、扉の間に人がいた場合挟まれて危険です。よって強制的に扉が開くように設計することは正しいように思えます。

しかし開閉部を通る人だけではなく、開く側に人がいたらどうでしょうか。開く扉に巻き込まれる可能性があり危険です。

また、扉が動かないようにしてしまうと、仮に火災発生などで非常停止した場合、中にいる人が外に出られなくなってしまいます。

非常停止時はあらゆる可能性を想定して、機械の動きを決める必要があります。

問題文の場合、エアシリンダに供給されている加圧エアを排気することで扉はフリーな状態つまり手動で開閉ができる状態になり、挟まれや閉じ込めの危険がなくなります。

よって解答はニになります。

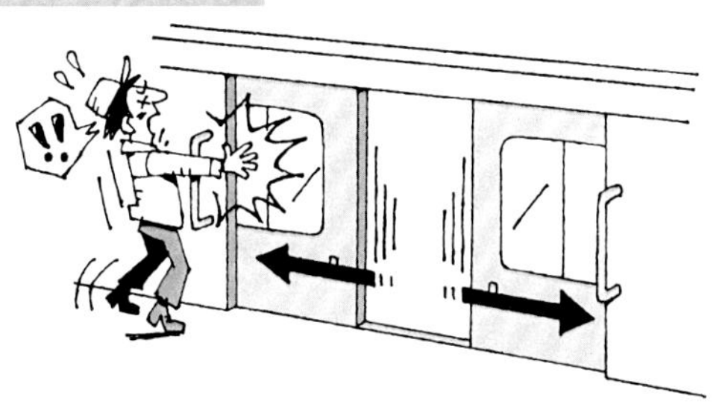

図2-1-1　扉が開くと挟まれる可能性がある例

メモメモ **電磁弁とエアシリンダについて補足します。**

エアシリンダは**図2-1-2**のように給気と排気を切り替えることでロッドを出入りさせる機器です。

エアの供給と排気を切り替えるためには電磁弁を使用します。電磁弁は電気信号を受けてバルブを切り替えることで空気や水を止めたり、流したり、方向を変えたりと流体を制御するための機器です。

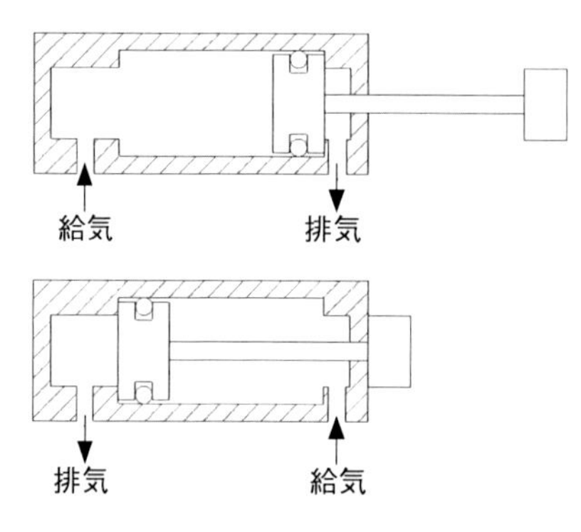

図2-1-2 エアシリンダの動作

図2-1-3 エアシリンダ

電磁弁にはいろいろな種類がありますが、**図2-1-4** に示す5ポート3位置エキゾーストセンタタイプを使用すれば、異常で電気信号が途絶えたときにエアシリンダ内の空気を排気することができます。図2-1-4 は3つの太枠が、左から順番に電気信号がA-ON、なし、B-ON の流れの状態を表します。例えば一番左は1(P)から4(A)、2(B)から3(R)にエアが流れることを示しています。

エキゾーストセンタタイプの電磁弁では1(P)に加圧エアを、3(R)と5(R)に排気を接続し、4(A)と2(B)それぞれにエアシリンダの動きに合わせたポートを接続します。

電磁弁を接続した例を**図2-1-5** に示します。

A-ON 信号のとき、ロッドは出ます。

B-ON 信号のとき、ロッドは引っ込みます。

そして、電気信号がなくなったとき、エアシリンダからエアが排気されてロッドがフリーになり、手で動作させることができるようになります。

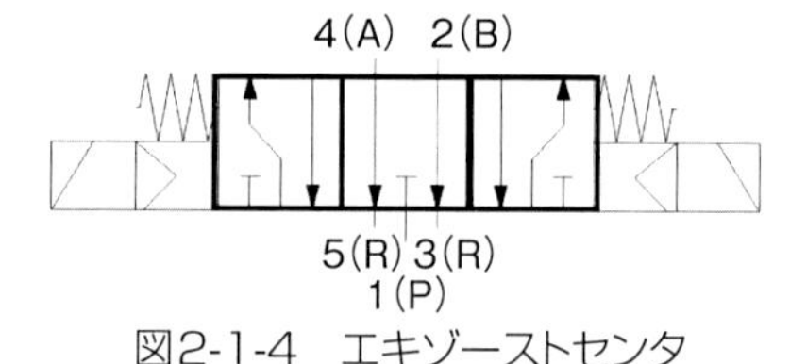

図2-1-4　エキゾーストセンタ

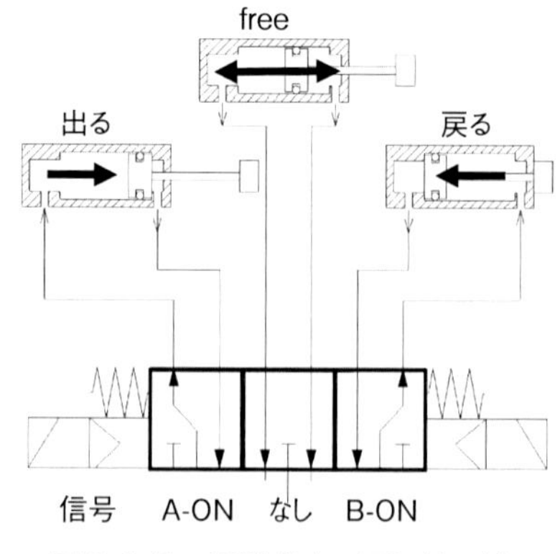

図2-1-5　電磁弁とエアシリンダ

Column　フェイル･セーフのつもりが大失敗!

組立の対象をエアシリンダで上下動する押さえ板で押さえて、ねじ締めをする機械を作ったときのことです。

作業エリア手前にライトカーテンを設置し、遮断されている間は人が段取り中と判断して動作開始ができないようにしていました。（フール・プルーフ）

また、動作中にライトカーテンが遮断されたら人が侵入したと判断して動作停止をさせるようにしていました。

このとき、フェイル・セーフの考え方に基づき各機器を安全サイドに動かすように設計したつもりでした。具体的にはねじ締め機は原点復帰、押え板用のシリンダは上位置に復帰するように設計しました。

ところがこれが大失敗。

あるとき、動作中に作業者が作業エリアに手を入れてしまいました。このとき機械は設計思想通りに動きました。つまりねじ締め機は原点復帰、ワーク抑えは上位置復帰。そして作業者の手がねじ締め機先端とワーク抑えの間に挟まれてしまいました。

幸い怪我というほどのこともなかったのですが、押さえる動作時の挟まれだけを見ていては配慮不足でした。復帰時の動きもしっかりと考える必要があると痛感しました。

ちなみにこのときは、3位置エキゾーストセンタ仕様の電磁弁を使い、エアシリンダがフリーになるようにしました。

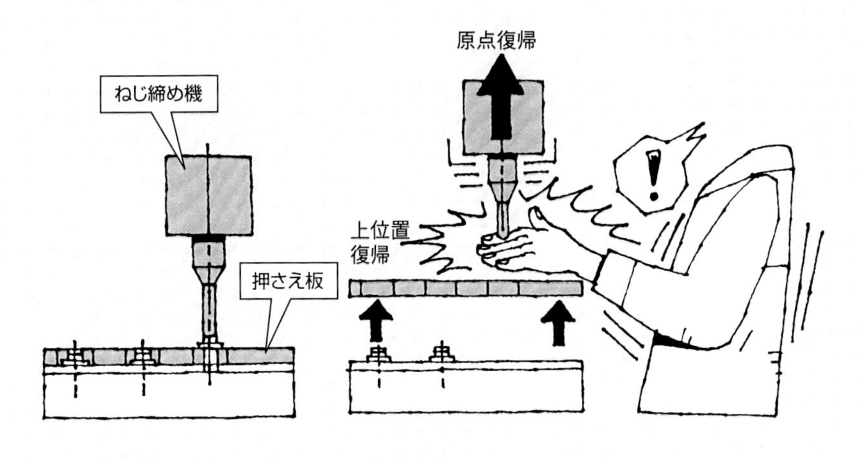

図2-1-6 フェイルセーフ失敗事例

実務における課題と問題

課題　「異常時のフェイル・セーフもええけど、そもそも異常が発生しても止まらんように設計せなあかんで」と上司から指摘を受けた。

問題　異常の発生時も安全に動作し続けるように設計することをフォールト・トレランス（Fault Tolerance）という。

解答選択欄　○ or ×

【解説】フォールト・トレランスとは、故障などの異常時にも可能な限り機能を維持することによって安全を得るための設計をいいます。

その方法は主に2つあります。

1. 故障した部位が最低限の機能を保って動作し続ける。

　例えば、構造体の材料に延性材料を使用することで、何らかの異常で過大な力がかかった場合も直ちに破断することはなく、弾性変形⇒塑性変形を経て破断に至ります。脆性材料を使用すると変形がほぼなく破断、割れてしまうため、危険な場合があります。

2. 故障した部位の代わりを予め備えておく

　例えば、システムの二重化、三重化を施すことで異常が発生しても停止せずに動くことを可能にします。 この処置を特に「冗長化」と言い安全性に加え信頼性の向上も目的として行います。

異常発生時に危険回避のため可能な限り機能を維持し動作し続ける設計をフォールト・トレランス、反対に安全に停止させる設計をフェイル・セーフといいます。

よって解答は○になります。

メモメモ　**脆性材料と延性材料について補足します。**

脆性材料であるコンクリートは圧縮の力には強いのですが、延性があまりないため、引張や曲げの力がかかると割れてしまいます。そこで構造体で使用する場合は弱点を補うために延性材料の鉄筋を入れて鉄筋コンクリートとして使用します。

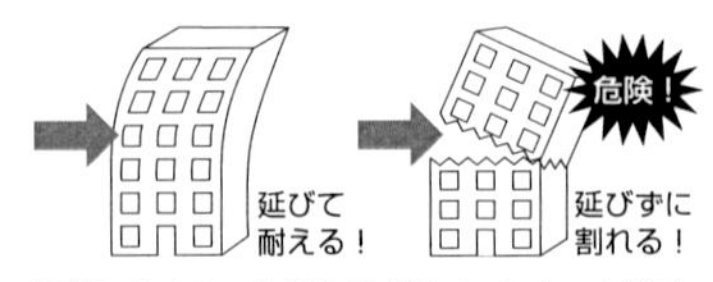

図2-1-7　材料の違いイメージ図

Column　信頼性を向上させる冗長化の例

表2-1-6　状態検知

	オートスイッチ		チャック状態
	1	2	
状態1	ON	OFF	完全に開いている。
状態2	OFF	OFF	対象をつかんでいる。
状態3	OFF	ON	完全に閉じている。

エアチャックを使って部品をつかみ組立を行う設備を設計したときのことです。オートスイッチというセンサを使い、チャックの各状態を**表2-1-6**と**図2-1-8**のように検知していました。オートスイッチはエアチャックのボディに設けられた溝に挿入し小径ねじ1本で固定することが一般的です。そしてこのねじがゆるみスイッチがずれるということがまれに起こります。

これでは機械が正しい動作をしていても誤動作しているように認識し、場合によっては設備が停止してしまいます。例えばチャックは開いているのにオートスイッチ1がずれていてOFFになっていると、対象をつかんでいると認識してしまいます。

そこで**図2-1-9**にあるようにチャックの先端に穴をあけて真空引きラインを接続し、真空スイッチで真空状態を検知する仕組みを追加しました。

対象をつかんでいるときには真空スイッチがONになる仕組みです。

これにより仮にオートスイッチがずれていた、あるいは何らかの理由で故障したとしても真空スイッチの状態でチャックの状態を認識することができます。

この仕組みを作ったときは、同設備内で真空吸着パッドなどを使用しており、すでに真空ラインがあったため、上手く流用することで実現することができました。

仮に真空ラインがなかった場合、新たに追加すると当然コストアップにつながりますので注意が必要です。

真空スイッチだけでも検知できますが、オートスイッチも使用することで検知システムの信頼性を高めています。

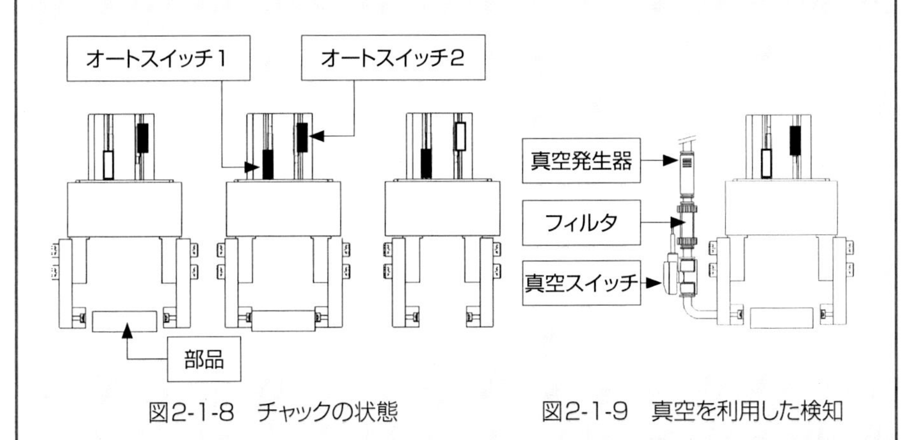

図2-1-8　チャックの状態　　図2-1-9　真空を利用した検知

実務における課題と問題

課題 「フール・プルーフを考慮した設計もええけど、具体的にどないすんねん？」と質問を受けた。

問題 フール・プルーフ（Fool Proof）を実現する手法として適切なものは次のうちどれか？

解答選択欄
イ フォールト・トレランス（Fault Tolerance）
ロ フェイル・セーフ（Fail Safe）
ハ インターロック（Safety Interlock）
ニ タンパー・プルーフ（Tamper Proof）

【解説】 フール・プルーフとは間違った操作をしても危険が生じない、あるいはそもそも間違った操作をできないように設計することです。

イ フォールト・トレランス
故障などの異常時にも可能な限り機能を維持することによって安全を得るための設計をいいます。

ロ フェイル・セーフ
非常停止ボタンが押される、ブレーカーが落ちて電力が遮断される、などの異常時に機器が安全側に動作するように設計することです。

ハ インターロック
ある操作をする際に、一定の条件がそろわないと動作しないような仕組みのことです。

ニ タンパー・プルーフ
Tamperとは勝手にいじる、改ざんするなどの意味があります。そこからタンパー・プルーフとは勝手にいじれないような仕組みのことをいいます。代表例として特殊なねじ頭形状をして通常の工具では着脱ができないようにしたタンパー・プルーフねじがあります。

インターロックの例として、人が操作するプレス機は片手で操作すると空いている手が挟まれる危険があります。このため水平距離で260mm以上離れた押しボタンを両手で同時押ししなければ動作しないように設計します。両手同時押しの条件というインターロックを設けることでフール・プルーフを実現しています。

よって解答はハになります。

実務における課題と問題

課題　**「ほんで？どうすんの？」とフール・プルーフの内容をより具体的に説明するように上司から求められた。**

問題　フール・プルーフとして適切なものは次のうちどれか？2つ選べ。

解答選択欄

イ　扉が閉じていないと動作しないよう仕組みを設けた。
ロ　危険な箇所に手が入らないようにカバーを設けた。
ハ　動作中に停電が発生しても一定時間は停止しないような工夫を設けた。
ニ　動作中は扉を開くことができないよう自動でロックをかけるようにした。

【解説】

イ　扉が閉じていないと動作しないような仕組みはインターロックそのものです。インターロックを設ける目的は、作業者が誤った操作をできないようにすることです。 つまりフール・プルーフの1つとしてインターロックを設けます。
ロ　カバーを設けただけでは工学的処置です。この状態では、カバーを外して動作開始させることや、動作中にカバーを外すことも可能です。
　これでは本質的な改善のうちのフール・プルーフを施しているとはいえません。
ハ　停電に備えて例えば予備電源やバッテリーを設ける工夫は、問題が起こったときを想定して備えておくという意味で、フォールト・トレランスの1つです。
ニ　動作中に扉を自動でロックすることは、動作中に誤って扉を開くことがないようにすることです。つまりフール・プルーフの1つです。

よって解答はイとニになります。

Column　いろいろなフール・プルーフ

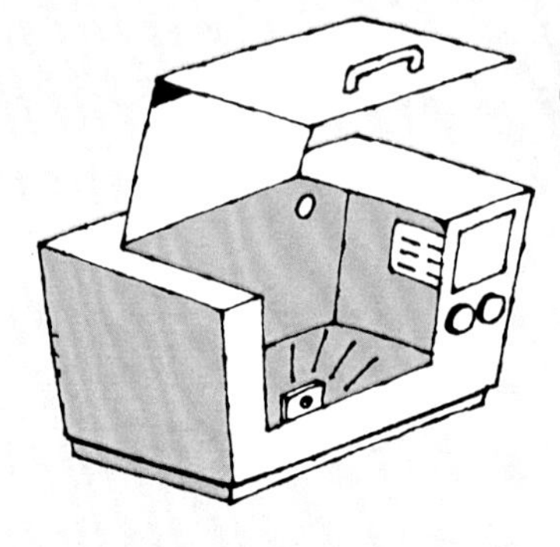

安全対策その1

扉開閉検知により
開いているときは動作させない。

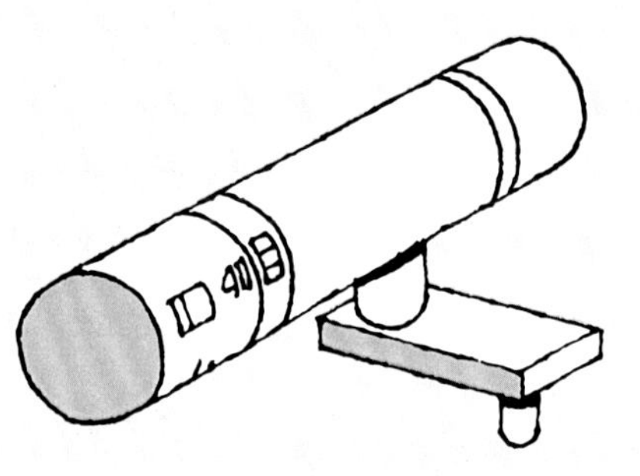

安全対策その2

押しボタンを押しながらでなければ
一定の数値以上に設定できない。

図2-1-10 安全対策で使用されるフール・プルーフ例

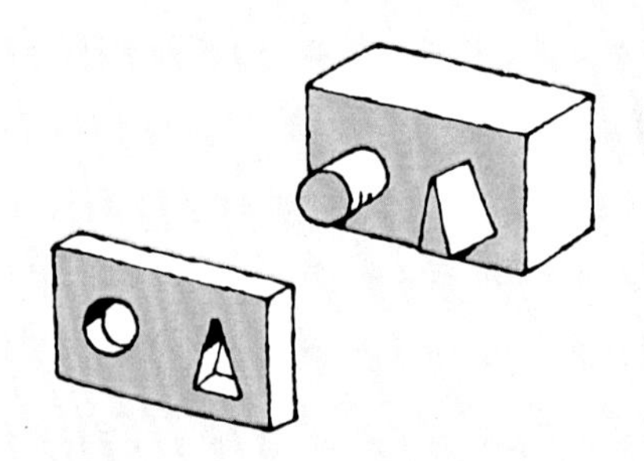

安全対策以外にも！ その1

コネクターのように、向きが決まっている
部品は左右非対称にすることで
正しい方向でのみ挿入可能とする。
(いわゆるポカヨケ)

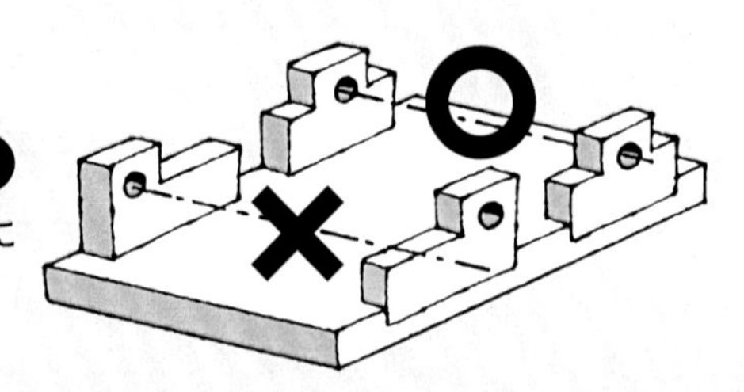

安全対策以外にも！ その2

向きを問わない部品は左右対称に
することで組間違いを防ぐ。
(いわゆるポカヨケ)

図2-1-11 安全対策以外でも使用されるフール・プルーフ例

MEMO

実務における課題と問題

課題　DRの終わりに「今日確認した危ないところはパッと見てわかるようにせなあかんで！」と上司から使用上の情報をしっかりとまとめるように指摘された。

問題　リスクを低減する3ステップメソッドにある、使用上の情報に当てはまらないものはどれか？

解答選択欄

イ　アラームを付けて異常時は発報するようにした。
ロ　ホームページに製品に関するお問い合わせ窓口を設けた。
ハ　製品の危険個所に注意を喚起するシールを貼り付けた。
ニ　取扱い説明書に安全に関する事項を記載した。

【解説】 JIS B 9700　機械類の安全性－設計のための一般原則－リスクアセスメント及びリスク低減 の中にあるリスクを低減する3ステップメソッドにはステップ1に本質安全設計、ステップ2に工学的処置、そしてステップ3に「使用上の情報」について記されています。

使用上の情報とは、文章や語句、表示などでリスクについて伝えることをいいます。製品そのものに設けられた表示灯や注意喚起シール、取扱い説明書での安全注意などが該当します。

つまり、取扱い説明書には操作手順だけではなく安全上の注意事項を記載する必要があります。

使用上の情報	使用者に情報を伝えるための手段（例えば、文章、語句、標識、信号、記号、図形）を個別に、または組合わせてしようする保護方策のこと。

3つに分類される

信号、警報装置

表示、警告文

付属文書

図2-1-12　使用上の情報

お問い合わせ窓口はユーザーが困ったときに役立つものですが、使用上の情報には当たりません。

よって解答はロになります。

Column 取説に使うべきフォントは何か?!

ゴシック体

安全上のご注意
ご使用の前に、この「安全上のご注意」と本書の内容をよくお読みの上、正しくご使用ください。
本書をお読みになられた後は、製品のそばなど、いつでも取り出せる場所に保管の上ご使用ください。
本書の内容は、製品を正しくお使いいただき、あなたやほかの人々への危害や損害を未然に防止するためのものです。
本書では、誤った使用をされた場合に生じることが想定される内容を、「危険」「警告」「注意」に区分しています。いずれも安全に関する重要な内容ですので、必ず守ってください。

明朝体

安全上のご注意
ご使用の前に、この「安全上のご注意」と本書の内容をよくお読みの上、正しくご使用ください。
本書をお読みになられた後は、製品のそばなど、いつでも取り出せる場所に保管の上ご使用ください。
本書の内容は、製品を正しくお使いいただき、あなたやほかの人々への危害や損害を未然に防止するためのものです。
本書では、誤った使用をされた場合に生じることが想定される内容を、「危険」「警告」「注意」に区分しています。いずれも安全に関する重要な内容ですので、必ず守ってください。

明朝体は、縦線と横線で太さが異なります。
一方ゴシック体は縦線と横線が同じ太さで文字が書かれます。

ときには取説の一部をコピーやFAX で提供する場合があります。この場合、明朝体では細い線がかすれて見難くなる場合があります。
コピーやFAX での提供が想定される場合は、ゴシック体で作成するのがよいでしょう。

製造物責任について学ぼう!

実務における課題と問題

課題 先日、自社製品に使っているバッテリーが異常発熱というトラブルを起こしてしまった。上司から「これうちが悪いん？！ほんまか？」と責任の範囲を確認するよう指示を受けた。

問題 エンドユーザーと自社との間には販売店がいるが、ユーザーから販売店ではなく直接メーカーに責任を追及できる根拠となる法律は次のうちどれか？

解答選択欄

イ 労働安全衛生法　ロ PL（Product Liability）法
ハ 消費者保護基本法　ニ 品確法

【解説】

イ 労働安全衛生法

労働者の安全と衛生についての基準を定めた法律のこと。昭和47年に制定されました。

昭和30年代、40年代は労働災害による死亡者数が6,000人前後で推移していましたが、昭和47年に本法が制定されて後、昭和50年には4,000人を切り、昭和56年には3,000人を切り、平成30年には過去最少の909人となりました。

ロ PL法

製造物責任法のことです。

製造物の欠陥により損害が発生したときの製造者の賠償責任について定めた法律のことです。

ハ 消費者保護基本法

現在の消費者基本法のことです。1968年高度経済成長下にあった我が国で顕在化した消費者問題について、消費者を保護する目的で制定された消費者保護基本法はその後、2004年に消費者の自立を支援することを目的にした消費者基本法へと改正されました。

ニ 品確法

住宅の品質確保の促進等に関する法律のことです。

製品の欠陥による責任範囲はPL法に定められています。

よって解答はロになります。

実務における課題と問題

課題　「なんでもかんでもPLちゃうで！ちゃんと調べなあかんで！」と上司からトラブルを起こした我が社の製品が製造物責任の対象となるのかどうかを聞かれた。

問題　製造物責任の対象となるものは次のうちどれか？

解答選択欄

イ　無償でサンプル提供した製品
ロ　製品のIoT化で得られたデータの通信サービス
ハ　不動産に該当する製品
ニ　引渡し前に盗難された製品

【解説】 製造物責任法2条には「この法律において「製造物」とは、製造または加工された動産をいう。」と書かれてあります。つまり不動産は対象になりません。

また輸送や通信は「物」ではなくサービスであるため対象になりません。

さらに3条には「・・・(前略) 表示をした製造物で、その引き渡したものの欠陥により他人の生命・・・(後略)」とありますので、引渡し前に盗難にあった物は対象になりません。

一方、無償・有償あるいは営利・非営利に関わりなく、提供された製造物は対象になります。

◆製造物に当たらないもの
- ・不動産
- ・輸送や通信サービス
- ・引渡し前に盗難にあった製造物

◆製造物に当たるもの
- ・無償、有償で提供された製造物

つまり、無償でサンプル提供した製品は製造物責任の対象になります。

よって解答はイになります。

実務における課題と問題

課題 「わかった。ほなとにかくなんで異常発熱が起きたか、原因究明や！24時間以内に速報出すんやで！」とバッテリーが異常発熱を起こした製品の原因究明をするように上司から指示を受けた。

問題 原因究明にあたり確認すべき内容は次の4点のうちいくつあるか？
①設計上の問題　②製造上の問題
③警告表示上の問題　④物流上の問題

解答選択欄　イ　1つ　ロ　2つ　ハ　3つ　ニ　4つ

【解説】 製造業者が責任を負うべき欠陥は次の3つに分類されるといわれています。

1. 設計上の欠陥
   設計段階の問題で安全性に欠ける。
2. 製造上の欠陥
   製造工程でミスがあり、安全性が欠ける。
3. 警告表示上の欠陥
   製品のリスクを取扱い説明書や製品本体に記載していない。

欠陥は3つですが異常が発生する原因にはもう1つ、運搬時に発生する可能性、つまり物流上の問題があります。運搬中に製品の一部が破損するなどが当たります。

異常発生の原因究明には問題文に挙げられた4点は全て確認する必要があります。

よって解答はニになります。

メモメモ　**物流上の対策について補足します。**

設計者は輸送中の振動で破損するなどの物流上のトラブルを防ぐために梱包形態や緩衝材を専門業者と打ち合わせて決める場合があります。

梱包形態が決まったら輸送試験を行います。試験方法は主に、「JIS Z 200:2013」に定められた包装貨物－性能試験方法一般通則にのっとり、振動試験や衝撃試験、加圧試験を行い、問題がないかを確認します。

輸送中に欠陥が出ないように設計することも大切なことです。

ステップ2　製造物責任について学ぼう!

実務における課題と問題

課題　異常発熱の原因究明の指示を受けた翌日、朝一番で「結論はどないやった？」とトラブル原因について上司から聞かれた。

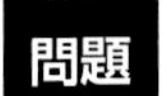

部品リストと品質データを確認した結果、海外メーカーから輸入した部品の製造工程で起きた欠陥が原因であったことがわかった。よって自社にPL上の責任はないと報告した。これは正しいか？

解答選択欄　○　or　×

【解説】 製造物責任法2条3項で製造業者を次のように定義しています。
「製造物を業として製造、加工又は輸入した者」
つまり輸入業者や、輸入した部品を使って製造した場合も責任範囲に含まれるため、PL上の責任を問われることになります。

よって解答は×になります。

メモメモ　部品メーカーの扱いについて補足します。

海外メーカーからの輸入品であっても、それを扱う製造業者はPL法の対象になることは解説文の通りです。

また、部品メーカーには「部品・原材料製造業者の抗弁」が認められています。

これは、例えばパソコンを作っている会社Aと、そのパソコンで使用する部品を納めている下請け会社Bがあるとします。このとき、会社Aからの設計指示に基づいて会社Bが部品を設計製作していた場合は、会社Bに責任を問うのは筋違いというものです。

このような場合は「部品・原材料製造業者の抗弁」が認められます。

実務における課題と問題

課題 原因と対策の報告で「発熱を起こした製品のPLP対策（Product Liability Prevention）はどないやったかな？」と部長から聞かれた。

問題 PLP対策として不適切なものは次のうちどれか？

解答選択欄

イ　過充電時に回路を遮断する保護回路を組込んだ。
ロ　取説の作成は専門業者に依頼し内容については任せている。
ハ　製造時の異物混入対策として、製造ラインに集塵機を設けた。
ニ　発熱部には直接触れないようにカバーを設けた。

【解説】 バッテリーは充放電に伴い必ず多少の熱を発生させます。さらに製造工程で内部に異物が混入していたり、過充電をしたりすると異常発熱の原因となります。

ここでPLPとは製造物責任予防対策のことで、製品の欠陥による事故発生自体を未然に防止するための活動になります。

製品の欠陥には次の3種類があり、それぞれの対策は次のようになります。

1. 設計上の欠陥への対策
   設計時に「本質安全設計」や安全防護による「工学的処置」を施すことです。解答イのように過熱時に回路を遮断する保護部品を組み込むことは、異常時に安全側に機能停止させる設計思想「フェイル・セーフ」の1つといえます。また、解答ニのように安全に配慮したカバーは典型的な工学的処置の1つといえます。
2. 製造上の欠陥への対策
   製造現場における設備の保守管理、整理整頓・衛生管理などを徹底し、製品製造の品質管理を強化することで不良品の製造や流出を防ぐ活動のことです。
   解答ハのような異物混入防止は品質管理強化の1つといえます。
3. 警告表示上の欠陥への対策
   製品そのものに警告灯やアラーム音を発信させたり、警告ラベルで注意喚起を行ったり、あるいは取扱い説明書で使用上の注意や操作方法をわかりやすく記載することです。

取扱い説明書には安全に関する重要な内容を記載する必要があります。よってその作成を外部委託したとしても、その内容に関しては精査する必要があります。

よって解答はロになります。

製造物責任について学ぼう!

実務における課題と問題

課題 10年ほど前の製品に特定の条件で使い続けると漏電する不具合が見つかったため調査チームに加わった。

問題 製造物を引き渡した当時の自社の科学または技術に関する知見ではその不具合が生じることを認識できなかったため、製造物責任はないと報告した。これは正しいか？

解答選択欄　○　or　×

【解説】 該当製造物の引き渡し時点での科学または技術に関する知見で製造物に欠陥があることを認識できなかったことを証明した場合、賠償の責任は発生しません。

これを開発危険の抗弁といいます。引き渡し時点で認識できないような場合にまで責任を負うことになると、開発リスクが高くなり開発意欲をそぐことになりかねないために免責事項として認められています。

ただし、この抗弁が認められる科学技術の知見は世界最高水準とされます。自社の知見のみでは認められることはありません。

よって解答は×になります。

実務における課題と問題

課題 「安全マーク取得したんか？」と上司から新しく開発した製品が構造・材質・使い方で生命または身体に危害を与える恐れのない製品であることを示すマークの取得手続きをするよう指示を受けた。

問題 次のうちどのマークを取得すればよいか？

解答選択欄
イ　JIS（Japanese Industries Standard）マーク
ロ　PL（Positive List）マーク
ハ　SGマーク（Safety Goods）
ニ　QCマーク（Quality Control）

【解説】

イ　JIS（日本産業規格）マーク
JISは日本の国家標準の1つです。JISに定める規格に適していることを表します。

ロ　PLマーク
ポリオレフィン等衛生協議会が定める自主基準に適合したプラスチック容器に付けることができるマークです。使用する材質や添加物がポジティブリストに記載されたもののみであることを確認し、材質試験などいくつかの試験結果が基準に適合していることを証明します。
このPLマークは製造物責任とは無関係のものです。

ハ　SGマーク
SGはSafety Goodsの略で、製品安全協会が定める製品の安全性に関する基準に合格した製品に付けられるマークのことです。製品が構造・材質・使い方で生命または身体に危害を与える恐れのない製品であることを示すマークです。

ニ　QCマーク
日本規格協会から品質管理検定（QC検定）合格者に付けられるマークです。

よって解答はハになります。

メモメモ　**SGマークについて補足します。**

SG マークは対象製品が次の8つの分野に分かれています。
［乳幼児製品］［福祉用具］［家事／家庭用品］［台所用品］［スポーツ／レジャー用品］
［家庭用フィットネス用品］［自転車／自動車用品］［その他］

安全規格について学ぼう!

実務における課題と問題

課題 アメリカに電子部品を輸出することになり、必要な規格を取得するよう指示を受けた。

問題 取得すべき規格は次のうちどれか？

解答選択欄

イ BS（British Standards）
ロ CE（Conformité Européenne）
ハ UL（Underwriters Laboratories ）
ニ VDE（Verband Deutscher Electrotechnischer）

【解説】

イ BS規格

イギリスの規格協会、BSI（British Standards Institution）によって制定されたイギリスの国家規格のことです。

ロ CE

製品がEUの規則に定められる必須要求事項に適合しているものに付けられる基準適合マークのこと。EU域内の自由な販売・流通が保証されます。

ハ UL

アメリカ保険業者安全試験所が認定を行う主に電気製品に対する安全規格のことです。

ニ VDE

ドイツ電気技術者連合が主となり設立したVDE試験所で、電気製品の安全性試験と承認を行う規格のことです。

アメリカに輸出するのであれば、まずはアメリカのUL規格認定を取りましょう。

よって解答はハになります。

実務における課題と問題

課題 上司から「明日リスクアセスメントやるでぇ〜！リスク低減や！」とリスクの低減措置についてまとめておくように指示があった。

問題 ISO12100に定められているリスク低減措置の手順で、最初に検討すべき項目はどれか。

解答選択欄

イ	安全思想教育の実施	ロ	使用上の注意点など情報の開示
ハ	安全防護策の実施	ニ	本質的安全設計の実施

【解説】

国際安全規格であるISO12100では、装置の潜在するリスクを低減させるためにリスクアセスメントの優先順位を定めています。

リスクアセスメントで最初に検討すべきで最も重要なことは「本質的安全設計の実施」です。

本質的安全設計の実施ではなくせないリスクに対しては、次に安全防護柵など「工学的処置」の実施、そして使用上の注意点など情報の開示、の順になり、これを3ステップメソッドと呼びます。

そのため、3ステップメソッドで最も優先される項目は本質安全設計の実施となります。

よって解答はニになります。

メモメモ　ISO について補足します。

ISO（International Organization for Standardization）とは、国際標準化機構のことで、その主な活動目的は国際的に通用する規格を制定することです。

主なものに
ISO 128 製図 - 表示の一般原則
ISO 1000 国際単位系(SI)およびその使用方法
ISO 9001 品質管理マネジメントシステム
ISO 12100 機械類の安全性- 設計の一般原則 - リスクアセスメント及びリスク低減
ISO 14000 環境マネジメントシステム
などがあります。

2004年に機械類の安全性、リスクアセスメント及びリスク低減を定めた国際規格ISO12100がJIS化され、JIS B 9700ができました。

ISO12100に出てくる3ステップメソッドとJIS B 9700に出てくる3ステップメソッドは同じ内容となります。

2章で学んだこと

ステップ１ 本質安全設計について学ぼう！

◆リスクには構成要素が持つ危険と、人の作業に潜む危険の２種類があります。

◆リスク低減の３ステップメソッド！

1. 本質安全設計
2. 工学的処置
3. 使用上の情報

◆本質安全設計には次の４つの考え方があります。

1. 危険源の除去
2. フール・プルーフ
3. フェイル・セーフ
4. 冗長性

ステップ２ 製造物責任について学ぼう！

◆製造物責任法とは、製造物の欠陥により損害が発生した場合の製造者の賠償責任について定めた法律のことです。

◆製造物の異常が発生する原因は４つ確認する必要があります。

1. 設計上の問題
2. 製造上の問題
3. 警告表示上の問題
4. 物流上の問題

ステップ３ 安全規格について学ぼう！

◆安全規格は国や地域ごとに定められていることが多いため、販売地域に合わせた規格を取得する必要があります。

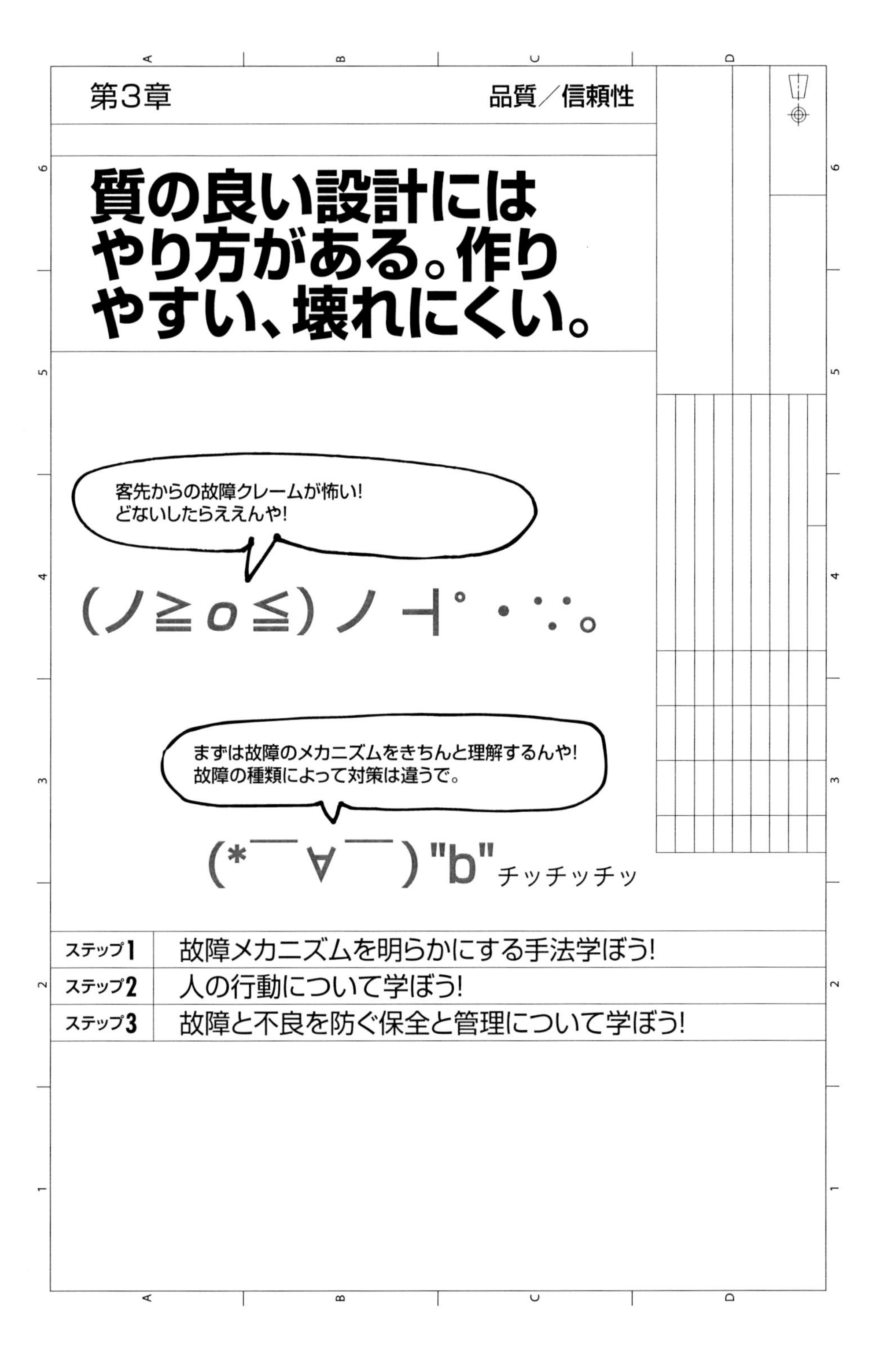

質の良い設計にはやり方がある。作りやすい、壊れにくい。

ステップ1	故障メカニズムを明らかにする手法学ぼう!
ステップ2	人の行動について学ぼう!
ステップ3	故障と不良を防ぐ保全と管理について学ぼう!

実務における課題と問題

課題　顧客から「おたくの製品、歯車欠けてしもたんやけど！？」とクレームが入った。上司からは「さっさと原因究明して客先で謝ってこんかい！」と明日の朝一に客先へと説明に行くように指示があった。

問題　どのような手法を使って原因究明を行えばよいだろうか？適切なものを選べ。

解答選択欄

イ　FMEA（Failure Mode and Effects Analysis）
ロ　FTA（Fault Tree Analysis）
ハ　ETA（Event Tree Analysis）
ニ　HAZOP (Hazard and Operability Study)

【解説】

イ　FMEA　：故障モード影響解析。製品が持つ機能の故障モードを分類し影響を解析する手法。
ロ　FTA　：故障の木解析。好ましくない事象を発生させる可能性のある事象を解析する手法。
ハ　ETA　：事象の木解析。ある事象（初期事象）が発生したときの経時変化を解析する手法。
ニ　HAZOP：製造プロセスの適切な条件値からずれたときの影響を解析する手法。

FTAは「歯車が欠けた」などの不具合を「好ましくない事象」としてトップに据えて、それを発生させる可能性のある事象を解析する、つまりは不具合の原因を究明する手法です。

よって解答はロになります。

Column　私とFTAとの出会い

生産技術者としてのキャリアをスタートさせて2年目。とある部品搬送装置の改造を任されました。それまでは先輩について仕事をしていたのですが、初めて一人で担当とあって意気揚々と仕事に取り組みました。

設計から部品の手配を行い、現地改造計画をたて、作業者とともに改造に臨みました。

いざ改造が始まり、しばらくすると、

・事前に用意した配線が短い！
・データトリガーを設置する予定だった場所に図面にはなかった端子台がある！
・配線を予定していた端子台の空きスペースがない！
・改造後・・・動かない！

といった具合で当初は３日で改造を終えて動作確認を行い引き渡し完了の予定でしたが、トラブル続きで深夜まで残業対応しても終わらせることができませんでした。

結局は先輩が応援に来てくださって何とか完遂することができました。

その後、「工程遅れ」を好ましくない事象として、FTAを行ったことが出会いです。

FTAは「好ましくない事象」が解析対象であり、決して故障だけが対象ではありません。

夫婦喧嘩の原因分析にも使えるかもしれませんね？！

実務における課題と問題

課題　歯車が欠けたことの原因究明とともに、「どれくらいの確率で発生するかも確認せなあかんで？！」と上司から指摘された。

問題　FTAでは探りだした原因から不具合に至る経路や不具合が発生する頻度の定量的な評価はできないため他の手法を模索した。これは正しいか？

解答選択欄　○　or　×

【解説】 FTAでは発生経路と原因を樹形図で展開し、探り出した原因の発生頻度を評価しその経路をたどることで、好ましくない事象の発生頻度を計算し定量的な評価を行うことができます。

よって解答は×になります。

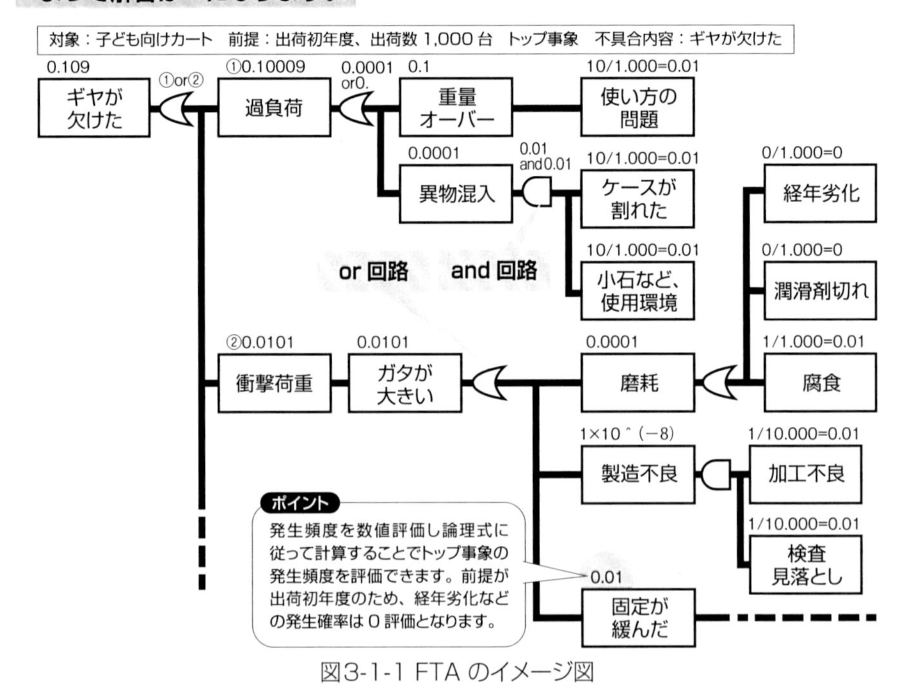

図3-1-1 FTA のイメージ図

メモメモ　FTA展開の方向

FTAの展開は図の例のように横に展開される型と、図とは違い縦に展開される型があります。どちらでも問題ないと思いますが、私はFTAを行うときは現場でホワイトボードに書くことが多く、縦に展開してしまうとすぐに深堀りができなくなってしまいます。（ホワイトボードは横に長いため。）　よって横に展開して書くことが多いです。

メモメモ　論理式の演算について補足します。

・事象aと事象bの両方が発生したときに事象cが発生する場合は「and回路」です。
・事象a'と事象b'どちらかが発生したときに事象c'が発生する場合は「or回路」です。

例えば、異物混入が発生すると過負荷がかかってしまいます。ギヤはケースで覆われているため「ケースの割れ」と「異物がある使用環境」の両方同時に不具合が発生したときに「異物混入」という上位の不具合が発生します。この場合は2つの事象をand回路で結びます。

また、ギヤのガタが大きいと衝撃荷重が発生してしまいます。ここで、「摩耗」「製造不良」「固定が緩んだ」のどれか一つが発生してしまうとガタが発生します。この場合は全ての事象をor回路で結びます。

and回路、or回路それぞれでの事象cの発生確率は次の通りです。

事象a（a'）の発生確率　λ_a（λ_a'）
事象b（b'）の発生確率　λ_b（λ_b'）
事象c（c'）の発生確率　λ_c（λ_c'）

and回路(a and b)：　$\lambda_c = \lambda_a \times \lambda_b$
or 回路(a' or b')：　$\lambda_c' = 1-(1-\lambda_a')\times(1-\lambda_b')$

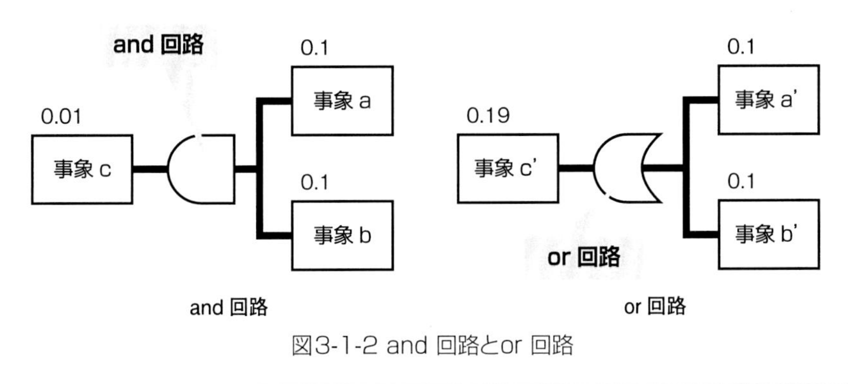

図3-1-2 and 回路とor 回路

Column　or回路の近似計算について

or回路の計算は次の通りでした。

事象aの発生確率　λ_a

事象bの発生確率　λ_b

事象cの発生確率　λ_c

or回路(a or b)：　$\lambda_c = 1-(1-\lambda_a)\times(1-\lambda_b)$　①

この計算による結果が真値になります。

ここで、or回路の意味は事象aもしくは事象bのどちらかが発生する確率です。これは次のような単純な和算で近似値が得られます。

or回路(a or b)：　$\lambda_c = \lambda_a + \lambda_b$　②

実際にλ_a=0.01、λ_b=0.02として①式と②式に当てはめてλ_cを計算してみます。

①$\lambda_c = 1-(1-0.01)\times(1-0.02) = 0.0298$

②$\lambda_c = 0.01+0.02 = 0.03$

となります。

①式で求めた真値よりも必ず②式で求めた近似値の方が大きくなります。よって大まかな評価を素早く行いたいときには、手軽な近似値を算出することが有効です。

なお、真値と近似値の差異は**図3-1-3**のベン図を描けば一目瞭然です。

近似値であるA+Bを計算すると色の濃い部分（A×B）が重複して計算されてしまいます。

真値を求めるには次のように、この重複部分を減算する必要があります。

$$A \text{ or } B = A+B-A\times B = A+B(1-A) = 1-1+A+B(1-A)$$
$$= 1-(1-A)+B(1-A) = 1-(1-A)(1-B)$$

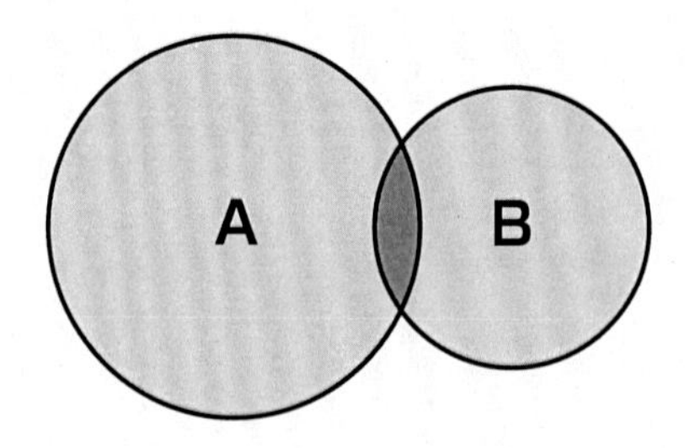

図3-1-3 ベン図

故障メカニズムを明らかにする手法を学ぼう!

実務における課題と問題

課題 **子供向けカートの新製品を設計した。対象の構成が明確になったタイミングで、上司から「FMEAやったやんな?」と指摘を受けた。**

問題 構成部品(アイテム)が故障した際の影響を明らかにするFMEAの手順として、不適切なものは次のうちどれか?

解答選択欄

イ　FMEAを行う対象を決める。
ロ　対象を構成する要素を書き出す。
ハ　要素の持つ機能をブレーンストーミングで書き出す。
ニ　構成要素の機能に故障モードを当てはめていく。

【解説】◆FMEA実行9ステップ

①FMEAを行う対象を決める!	⇒子ども向けカート
②対象を構成するアイテムを書き出す	⇒ハンドル、モータ、ギヤ、ケースなど
③アイテムが持つ機能を書き出す	⇒進路変更、動力を与える、動力を伝える
④故障モードを当てはめていく	⇒割れる、変形、詰まる、緩むなど
⑤故障の影響(不具合内容)を確認する	⇒曲がれない、動かない、乗れない、など
⑥故障の原因を特定する	⇒過負荷がかかった、異物混入、摩耗、など
⑦故障の重要度を評価する	⇒影響度合い×発生頻度×検知の難しさ
⑧対策を検討する	⇒材質変更、固定方法変更、カバー追加、など
⑨対策の結果を再評価する	⇒影響度合い×発生頻度×検知の難しさ

ブレーンストーミングとは集団で自由に意見を出し合うことで、新たな視点のアイデアを生み出すことを目的に行われる会議手法の1つです。

構成要素の機能はハンドルならば進路変更、ギヤなら変速と動力伝達など、自ずと決まるものであり、ここで新たなアイデアを出すようなものではありません。

よって解答はハになります。

実務における課題と問題

課題　自転車のFMEAを行ったところ、上司から「故障モードと原因がようわからへん。誰が見てもわかるようにせなあかんで」と指摘をされた。

問題　アイテム「ギヤ」に対する故障モードとして適切な表現は次のうちどれか。

解答選択欄
イ　ギヤが「割れて動かなくなる」
ロ　ギヤに「過負荷がかかって割れた」
ハ　ギヤが「割れる」
ニ　高負荷に耐えられるよう材質を変更した。

【解説】 FMEAでは故障モードは単純な事象を表現します。次にその影響、原因、評価、対策と続きます。

イ　「割れた」ことの影響を表現しています。
ロ　「過負荷」がかかったため割れたという原因を表現しています。
ハ　「割れる」という事象、故障モードを表現しています。
ニ　「割れない」ための対策を表現しています。

よって解答はハになります。

Column　故障モードと影響と原因の堂々巡り

FMEAを実施中に故障モードと影響と原因が堂々巡りになり、混乱してしまうことがあります。 ギヤが「割れる」原因の1つに過負荷がかかることがあり、過負荷がかかる原因の1つに異物が「詰まる」事象があります。また、異物が「詰まる」原因にはカバーが「割れた」ことで隙間ができてしまったことが考えられます。

このような場合は発生頻度をしっかりと評価してください。例えばギヤが何もないのに過負荷がかかって割れるということは通常起こり得ません。カバーがあるのに異物が内部に混入することも通常起こり得ません。

一方、ケースが経年劣化で割れてしまうことは樹脂製品であれば必ず発生します。よってケースが割れないような対策や、割れたときの対処を明記するなどの対策を施します。

発生頻度を適切に評価せずに、ギヤが割れてはいけないから強度を上げようとしてしまうと、 オーバースペックになりコストアップにつながることがあります。

- ・割れる→　原因：過負荷など
- ・過負荷→　原因：異物が詰まるなど
- ・詰まる→　原因：ケースが割れて隙間が出きたなど
- ・割れる→　原因：経年劣化など

メモメモ　故障モードについて補足します。

JIS z 8115:2000　で故障モードは「故障状態の形式による分類。例えば、断線、短絡、折損、摩耗、特性の劣化など」と定義されています。
（故障モードのキーワード例）
折れる、割れる、破れ、ひび、変形、摩耗、変色、脱落、詰まる、ゆるむ、過熱、過冷却、断線、ショート、オープン、特性の劣化・・・など

メモメモ　故障モードについて補足します。

FMEAでは故障モードが発生したときの「影響度合い」と「発生頻度」と「検知の難しさ」を数値化して掛け算により重要度を評価します。
参考にFMEAの例とともに、評価指針の例を記載します。

表3-1-1 FMEA の例

アイテム	機能	故障モード	影響	原因	重要度の再評価				対策	実施予定	重要度の再評価	
					影響度合	発生頻度	検知難易度	重要度			影響度合	発生頻度
ギヤ	動力変換と伝達	割れる	空回りして機械が動作しない。	過負荷	4	1	1	4	***	***	***	***
		詰まる	ギヤに過負荷がかかって割れる	ケースの隙間から異物混入する	4	1	1	4	***	***	***	***
ケース	機器の保護	割れる	機械がむき出しになり異物混入を起こす	カバーの角で手を切る。	4	4	1	16	使用上の注意	取説作成時		

表3-1-2 評価指針の例

評価レベル	影響度合評価指針の例	故障の例
1	機器が扱いにくくなる。	ハンドルが曲がってしまい、扱いにくい。
2	そのまま使用を続けては危険。	電源ケーブル被覆が劣化で薄くなっている。
3	一部の機能が働かなくなる。	カバーが劣化で割れて隙間ができている。
4	機器そのものが動かなくなる。	配線が外れている。
5	安全上問題がある。	走行中に固定が外れてブレーキ線が抜ける。

評価レベル	発生頻度評価指針の例	例
1	通常起こらない。	ハンドルが外れる。
2	取扱いミスで発生する。	重量オーバー
3	メンテ不足で発生する。	ボルトが緩む。
4	メンテしても定期的に発生する。	電池切れ。
5	使用中不定期に発生する。	釘などを踏んでタイヤがパンクする。

評価レベル	検知難易度評価指針の例	例
1	誰でも見れば分かる。	カバーの割れ。
2	専門家が見れば分かる。	ギヤの摩耗。
3	点検をすれば分かる。	ボルトの緩み。
4	汎用の検知器が必要となる。	漏電
5	専用の検知器が必要となる。	ボディフレームの微小な歪み

実務における課題と問題

課題　上司から、「ボルトが緩んだときに増し締めすればええのはわかるけど、仮に増し締めしてもまたすぐに緩んだらどうなんの？！それに気づかへんかったらどうなんの？！」と指摘を受けた。

問題　経時変化を評価するためにETA手法を採用した。これは正しい選択だろうか？

解答選択欄　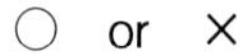

【解説】 ETA（Event Tree Analysis）は事象の木解析であり、ある事象（イベント）を初期事象としてそれが発生したときの経時変化を解析する手法です。

よって解答は○になります。

メモメモ　ETAについて補足します。

ETAでは左に初期事象を配置し、事象を検知した段階での対応とその成功／失敗を右側に展開していきます。

時系列は右に行くほど進んでいき、どの段階の対応も失敗した場合は最終的に危険事象へと至ります。

ETAのイメージ図を文章で書くと次の通りです。

「定期点検でうっかりねじの増し締めを1本忘れてしまった。そのためしばらくしてから水漏れが始まった。即時に水漏れに気づけなかったため増し締めも行われず事故が起こってしまった。事故に気づき装置を止めようとしたがうまくいかずに感電してしまった。」

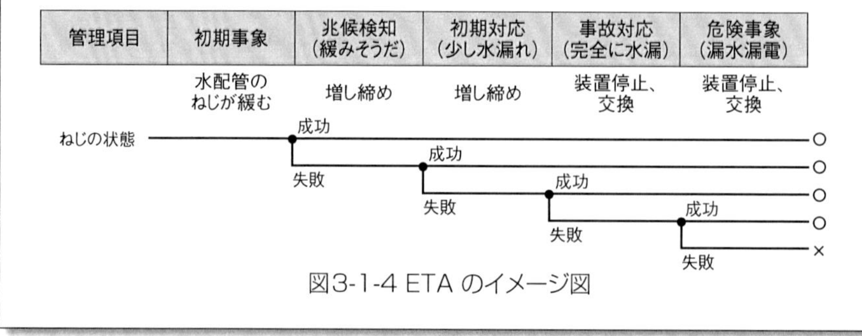

図3-1-4 ETA のイメージ図

実務における課題と問題

課題　基板の上に反応ガスを吹き付け、加熱による熱分解を利用して目的の生成物を得る熱CVD（Chemical Vapor Deposition）装置を設計した。上司から「熱や流体の変動の影響は当然おさえてるやんな？お客の工場の環境がみんな同じとは限らへんでぇ！」と指摘があった。

問題　制御値のずれを故障モードと捉えてFMEAを行ったが、この場合に採用する手法としてFMEAは最適なものだろうか？

解答選択欄　○ or ×

【解説】熱や流体の制御値といった製造プロセスの条件値が適切な値からずれたときの影響を解析する手法としては、HAZOP(Hazard and Operability Study)が適しています。

よって解答は×になります。

メモメモ　HAZOPについて補足します。

HAZOPではガイドワード（誘導語）を利用して想定外のずれを見出して評価、対策を施します。ガイドワードの一例として「無（No)」があります。通常はガスの流れ（あるいは一定の流量）がありますが、そこからずれてガスの流れがなかったら（あるいは一定の流量がなかったら）どうなるか？を評価します。

表3-1-3 HAZOPのイメージ図

対象	パラメータ	誘導語	誘導語の説明	起こりうる現象	考慮した対策	リスク評価			アクション
						影響度	頻度	検知難易度	
可燃性ガス	流量	無(No)	ない	生成できない	流量検知				
		逆(Revers)	逆流	異常圧力	逆流防止弁				
		他(Other than)	他の方向	外部漏れ、発火	検知器設置				
		大(More)	量的な増大	発火	流量検知				
		小(Less)	量的な減少	生成不良	流量検知				
		類(As well as)	量的な増大	発火	濃度検知		……		
		部(Part of)	量的な減少	生成不良	濃度検知				
		早(Early)	早い	発火	⋮				
		遅(Late)	遅い	生成不良					
		前(Before)	順番が前	発火					
		後(After)	順番が後	生成不良					

実務における課題と問題

課題 上司から、「ストップボタンを押そうとしてスタートボタンを押したらどうなんの？人間やし間違うでぇ」と質問を受けた。

問題 上司の指摘は次の4つのヒューマンエラーのうちどれに該当するだろうか？

解答選択欄　イ　スリップ　　ロ　できない　　ハ　故意　　ニ　無知

【解説】 ヒューマンエラーには**図3-2-1**に示すように、人間が行動に至る３段階、すなわち認知・判断・行動に対する分類があります。例えば「認知」が「不足」していれば無知や無理解による失敗が発生してしまいます。

このうちスリップとは、作業Aをしようと思っていたのに作業Bをしてしまった、など、誤った行動をとってしまうことをいいます。

なお、ラプスとは記憶違いや物忘れのことです。

ストップボタンを押そうとしてスタートボタンを押してしまう行動はスリップです。

よって、解答はイになります。

行動に至る3段階	スキル不足	過失	故意
認知	無知、無理解	誤った認識	
判断	誤判断		
行動	できない		近道、省略
	スリップ、ラプス		違反、不遵守

図3-2-1 ヒューマンエラー体系図

Column 良い設計とは?

あるとき配管を納めるためのダクトを設計していました。従来ダクトの蓋は蝶番で固定・開閉される設計となっていました。

ダクト蓋を部品点数削減と組立工数削減のために蝶番なくした代わりに、蓋の内側にL型の金具を付けてダクトに引っかかるような図面を描いたことがあります。

図3-2-2にあるように、引っかかり部分をよけるように蓋を斜めにすれば取り外しができるという構造です。

完全な固定ではないけれども、引っかかりがあることで多少ずれても蓋としての機能はあります。

特に該当部分は装置の裏側で、通常は見えない部分であることから、本構造を採用しようとしていました。

ところが当時の先輩に図面をチェックしてもらったところ「ぱっと見で扱い方がわからない設計はダメだ」といわれ、却下されました。

その意図は次のようなものでした。

「ぱっと見で取手が付いていたら持ち上げようとする。蝶番が付いていたら人は自然と蝶番を基点に持ち上げようとする。しかし蝶番が付いていなかったら人はまっすぐに引っ張ろうとする。蓋の裏側という見えない部分にL型の金具がついていることを知らない人は金具が引っかかって開けられない。そうすると人によっては無理に開けようとして壊してしまう。」

「その製品を見て扱うときに人はどのように行動するのか？」までを考えて反映させることが、良い設計の1つの条件であるといえるでしょう。

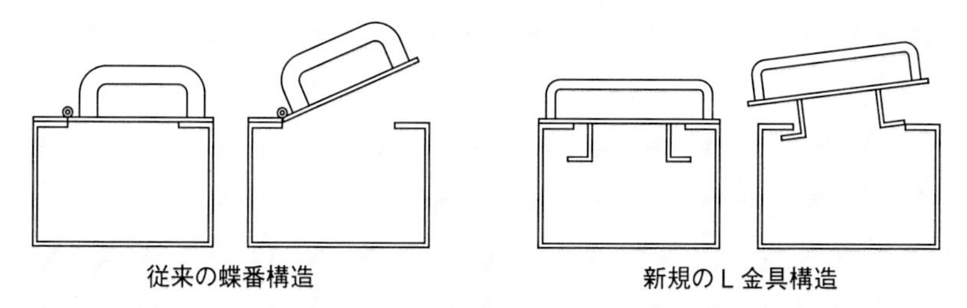

図3-2-2 ダクトと蓋の断面図

実務における課題と問題

課題 会社の設計者向け研修で、「我が社の製品は一般コンシューマー向けであるため、開発設計時には誰でも操作ミスをしないメカニズムまたは、誤操作のできない機構にする必要がある」という内容があった。

問題 設計時に想定する人の行動として正しいものは次のうちどれか？

解答選択欄

イ　危険と思われる行動はとらない。
ロ　取説に書いてあることには必ず従う。
ハ　人は必ず失敗をおかす。
ニ　無理な操作は行わない。

【解説】 コンシューマーとは消費者の意味です。一般コンシューマー向けとは一般家庭向けという意味で使われ、家電製品などが該当します。

例えば最近の洗濯機は蓋が空いているとセンサがそれを感知して、洗濯をスタートすることができないようになっているものも多いです。蓋が空いたまま洗濯をスタートしてしまうと水が飛び散るためです。

このように操作者が操作ミスをしないメカニズムまたは、誤操作のできない機構にする設計方式をフール・プルーフ（fool・proof）といいます。

その考え方の根底には「人は必ず失敗をおかす」というものがあります。

よって解答はハになります。

メモメモ **フール・プルーフについて補足します。**

フール・プルーフをルーツにした考え方にポカヨケがあります。ポカヨケは昔「バカヨケ」と呼ばれていました。フール・プルーフを直訳すると「バカ・よける」になります。

Column　知識が先か?経験が先か?

働き出して5年目を過ぎたころ、自己研鑽のためにエクセルに技術キーワードを整理していました。

実は恥ずかしながら「フェイル・セーフ」と「フール・プルーフ」という言葉をそのころに初めて聞きました。

しかしながら言葉の意味を調べているうちに

・昨年作ったCVD設備で設備稼動中は電磁ロックで扉が開かないようにしたなぁ 。
　あれってフール・プルーフの一種じゃないかな？
・この前設計した搬送設備の配管が抜けたりして空気圧が低下したときはエアシリンダが全部引っ込むように設計したけど、あれはフェイル・セーフの1つだな。

などといったことがありました。

キーワードは初耳でしたが、実務で実践済みだったわけですね。

初めて聞くキーワードがあれば、それをもとにご自身の業務を振り返ってみると、新しい発見があるかもしれませんよ！

実務における課題と問題

課題 設計レビュー時に上司から「この製品にめっちゃ力かかったらどこが壊れんの？」と聞かれた。

問題 製品を設計する中でわざと負荷が集中しやすい部分（ダメージを受けやすい部分）を作り、その部分を簡単に部品交換できるようにした。このような設計思想を表すものとして正しいものはどれか？

解答選択欄
イ　フール・プルーフ　　ロ　ダメージ・トレランス
ハ　フェイル・セーフ　　ニ　冗長システム

【解説】

イ　フール・プルーフ　：操作ミスや不完全行為ができない機構にする設計思想です。
ロ　ダメージ・トレランス：地震などの被災時に壊す部分を決めておく設計思想です。
ハ　フェイル・セーフ　：異常発生時に機器を安全側に動作させる設計思想です。
ニ　冗長システム　：障害発生時に備えて平常時から予備の装置を配置しておくことです。

ダメージ・トレランスの狙いは、被災時に壊す部分を決めておくことで主要部材を守りかつ、被災後に壊れた部分を交換すれば元の構造に戻すことができる、ことです。

なお、冗長システムは一瞬の停止も許されないシステムで採用されます。例えばサーバー二重化により、１つのサーバーが停止しても、もう1つのサーバーが働くシステムなどがあります。

よって解答はロになります。

MEMO

実務における課題と問題

課題 開発品を製造するためのハンドプレス治具を設計することになった。上司から「製造現場は安全第一！ケガはあかんでぇ」と安全対策を施すよう指示があった。

問題 安全対策の設計として不適切なものは次のうちどれか？

解答選択欄

イ　作業者が分解できないように特殊なねじを使った。
ロ　挟まれ防止のため、あえて両手で操作するよう設計した。
ハ　ワークを正しくセットできていないと動作しないようにした。
ニ　作業時にプレス部をカバーで囲い、手指が入らないようにした。

【解説】 ドライバーなど一般的な工具では分解できない特殊なねじを使うことなどをタンパー・プルーフ（いたずら防止）といいます。目的はその名の通り、いたずら防止です。

安全性を高めるためには、誤った作業ができない機構にするフール・プルーフや異常発生時に機器を安全側に動作させるフェイル・セーフに基づく設計が必要です。

よって解答はイです。

メモメモ　フェイル・セーフについて補足します。

エアシリンダという空気の圧力でロッドが出たり戻ったりする機器があります。

非常停止ボタンが押されるなどの緊急時を想定し、次のような検討をします。
　エアシリンダが出るように設計するのか？
　戻るように設計するのか？
　動作せずに一時停止するように設計するのか？
　空気の圧力を抜いてフリーの状態になるように設計するのか？

これらはエアシリンダの使い方を考えて必要な動作を設計者が決めることになります。この際の決め手となる思想の1つが、安全側に機器を動かすという考え方をするフェイル・セーフになります。

Column ワークを正しくセットしないとプレスできない構造例の紹介

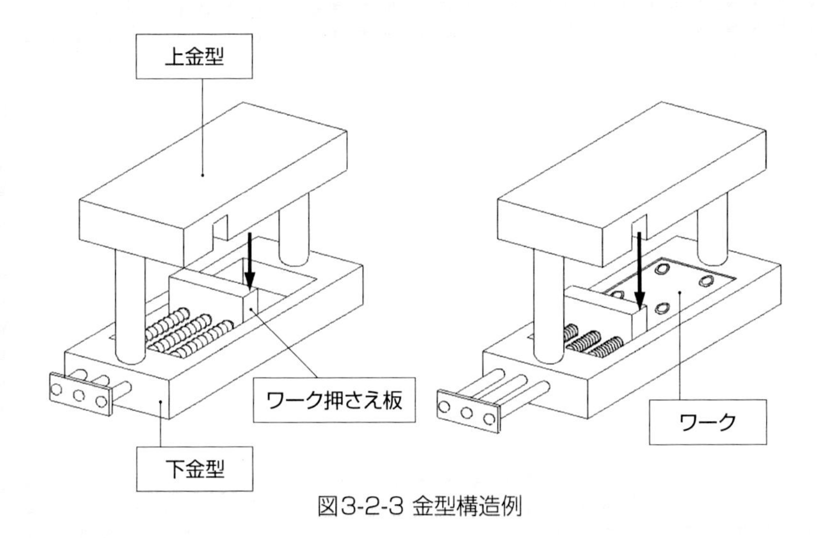

図3-2-3 金型構造例

・ワークをセットすると押さえ板がばね力でワークを押さえる。
・このとき、押さえ板の位置と上金型の切り欠き位置が同一線上にきてプレスが可能となる。
（＊ワークがないと押さえ板と上金型が干渉しプレスができない。）

・実際には上金型をもっと低くし、ワーク押え板の上面との隙間を小さくすることで手指の挟まれ防止とする。

実務における課題と問題

課題 上司から「この製品ってどれくらいで壊れんの？」と修理やメンテナンスを行う頻度について聞かれた。

問題 メンテナンスに関する指標がいくつかあり、修理時間を評価するにはどの指標を使えばよいのか混乱してしまった。どの指標で評価するのが適切か？

解答選択欄

イ　MTBF（Mean Time Between Failure）
ロ　MTTF（Mean Time To Failure）
ハ　MTTR（Mean Time To Repair）
ニ　アベイラビリティ

【解説】 例えば自転車のタイヤがパンクしたら修理します。これは修理系の故障です。

一方で老朽化によりタイヤの溝がなくなり危険な状態になると交換します。これは非修理系の故障です。

問題の選択肢それぞれの定義は次の通りです。

イ　MTBF：修理系の平均故障間隔　＝　可動時間÷修理系故障件数
ロ　MTTF：非修理系の平均故障時間　＝　使用時間÷非修理系故障件数
ハ　MTTR：修理系の平均修理時間　＝　総修理時間÷修理系故障件数
ニ　アベイラビリティ：稼働率　＝　MTBF÷（MTBF＋MTTR）

修理時間を評価する指標はMTTRです。

＊可動時間：動かすことが可能な時間。修理時間を除きます。
＊使用時間：動かすことができなくなり交換するまでの時間。修理時間を含みます。

よって解答はハとなります。

実務における課題と問題

課題 製品に使われている歯車が欠けたとクレームがあった。「すぐに対策！24時間以内やでぇ！」と上司から指示を受けた。

問題 定期点検や部品交換の頻度を多くして故障を予防するようにマニュアルを更新したが、これは正しい対策か？

解答選択欄 ○ or ×

【解説】 歯車の欠けのように「突発的に発生する故障」のことを突発故障と呼びます。

一方、「性能や品質が徐々に低下していき、機械などの機能が正常に働かなくなる現象」を劣化故障と呼びます。

劣化故障の例として、乾電池の電圧が次第に低下していくことがあげられます。

劣化故障は事前の点検や監視によって予知が可能ですが、突発故障は点検や監視ではその発生の予知は難しく、ある程度の使い方を想定して耐久試験を行って寿命を確認することなどが必要になります。

よって解答は×になります。

メモメモ **各指標について補足します。**

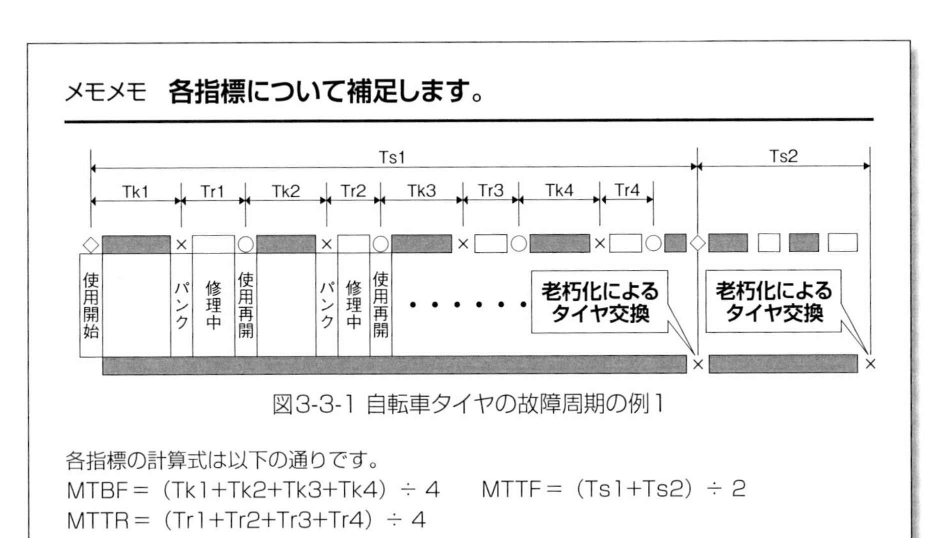

図3-3-1 自転車タイヤの故障周期の例1

各指標の計算式は以下の通りです。

MTBF＝（Tk1+Tk2+Tk3+Tk4）÷ 4　　MTTF＝（Ts1+Ts2）÷ 2

MTTR＝（Tr1+Tr2+Tr3+Tr4）÷ 4

実務における課題と問題

課題 設計中に、「これ保全はどないすんの？」と上司から保全のやり方を考えて設計するようにと指示があった。

問題 保全に関する事項を考慮して製品を設計することを何というか？

解答選択欄
イ　PM（Preventive Maintenance）
ロ　BM（Breakdown Maintenance）
ハ　CM（Corrective Maintenance）
ニ　MP（Maintenance Prevention）

【解説】 選択肢の4つはそれぞれ保全（Maintenance）に関する考え方を表すキーワードです。

イ　PM：予防保全。あらかじめ決められた手順で点検や修理を行い、故障を予防する方法です。（＊特に1か月に一度など、予定の時間間隔で行う予防保全を定期保全といいます。）
ロ　BM：事後保全。機械が故障してから点検や修理を行う方法です。
ハ　CM：改良保全。故障が発生した際、同じ故障を起こさないよう再発防止策を施す方法です。
ニ　MP：保全予防。設計段階で保全に関する事項を考慮した製品にする方法です。

設計段階で考慮する考え方はMP、保全予防となります。

よって解答は二となります。

メモメモ　各保全について補足します。

MPは設計段階で行われるもの。ほか3つは設備を運用管理する段階で行われるものになります。

設備設計	運用管理		
	日常管理	故障発生	故障復旧
保全予防MP	予防保全PM	事故保全BM	改良保全CM
設計段階で保全を考慮した製品にする。	決められた手順で点検や修理を行い、故障を予防する。	機械が故障してから点検や修理を行う。	故障が発生した際、再発防止を施す。

図3-3-2 保全体系図

実務における課題と問題

課題　**「保全をしっかりやればモノは壊れへんねん。保全のやり方もきっちりしとけよ！」と上司から故障を予防するための保全を考えて設計するようにと指示があった。**

問題　故障を予防する、予防保全の方法として不適切なものは次のうちどれか？

解答選択欄

イ	時間計画保全	ロ	経時保全
ハ	状態監視保全	ニ	改良保全

【解説】

イ　時間計画保全：経時保全と定期保全を合わせたもので、運転時間の経過や一定の周期で行う保全を計画する方法です。

ロ　経時保全　：設備の動作時間を計測し、ある一定の時間に達したタイミングで保全を行う方法です。

ハ　状態監視保全：各種センサを用いて設備の状態を監視し異常状態を検知したら保全を行う方法です。

ニ　改良保全　：故障が発生した際、同じ故障を起こさないよう再発防止策を施す方法です。

改良保全は故障が発生した際の対応となるため、予防保全とはいえません。

よって解答は二になります。

メモメモ　予防保全の種類について補足します。

予防保全には大きく分けて、時間計画保全と状態監視保全の2つがあります。さらに時間計画保全は経時保全と定期保全とに分けられます。

定期保全とは1か月ごとなど、あらかじめ定められた期間ごとに保全を行う方法をいいます。

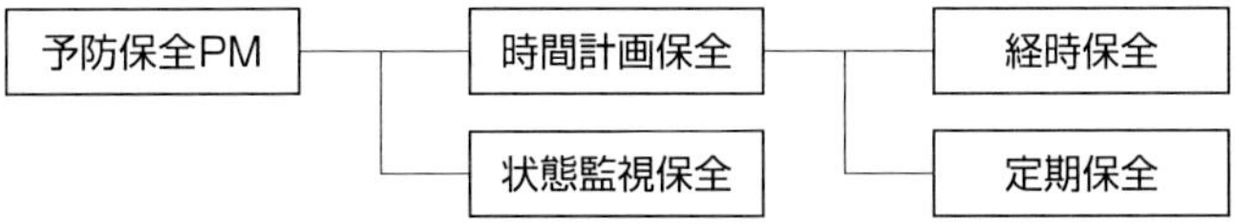

予防保全PM
- 時間計画保全
  - 経時保全
  - 定期保全
- 状態監視保全

図3-3-3 予防保全体系図

実務における課題と問題

課題　新製品開発のキックオフミーティングでリーダーから「バスタブカーブを考慮した開発やるでぇ！」と発言があった。

問題　バスタブカーブは聞いたことがあるが、それを考慮した開発として適当なものはどれか？

解答選択欄

イ　ワイブル分布の確認により開発品の状態を評価する。
ロ　競合製品を分解して調査を行い参考にして開発に取り組む。
ハ　開発初期に多くの工数をかける。
ニ　工程能力指数Cpkにより生産ラインの実力を評価する。

【解説】 製品稼動開始あるいは市場投入開始から時間経過と故障発生率とでグラフ化したときにその曲線は、一般的にバスタブのような形をとることが知られています。 この曲線のことをバスタブカーブと呼びます。

「バスタブカーブを考慮した開発に取り組む」とは例えば、開発段階で初期故障を洗い出して対策を施し、市場投入までに偶発故障期に入ったと判断できるよう開発に取り組むことです。

イ　ワイブル分布とは製品サンプルの稼動累積時間と累積故障率から分布を描き、グラフの形状から故障に関する解析を行うものです。
　　対象の製品がバスタブカーブのどの時期にあるのかを評価したり、稼動開始から任意の時間における累積故障率の予測をしたりするために利用されます。
ロ　競合製品を分解調査するやり方はリバースエンジニアリングです。
ハ　開発初期に多くの工数をかける取り組みはフロントローディングのやり方の一つです。
ニ　工程能力指数Cpkは生産ラインの実力を評価するものであり、サプライヤー評価や自社工場の品質改善活動の指標として利用されます。

ワイブル分布を確認することで、開発品がバスタブカーブのどの時期にいるのかを評価することができます。

よって解答はイになります。

メモメモ　バスタブカーブについて補足します。

①設備稼動開始から、しばらくのうちは高い確率で故障が発生します。
この時期を初期故障期と呼びます。

②故障が発生するたびに修理対応などを行ううちにだんだんと故障発生数が少なくなり、その発生はある一定の低い水準で推移します。
この時期を偶発故障期と呼びます。

③その後、しばらくすると機械の摩耗劣化により再び故障が発生するようになってきます。
この時期を摩耗故障期と呼びます。

摩耗故障期に入る前から摩耗部分の更新を行うことで、長く大切に使うことができます。

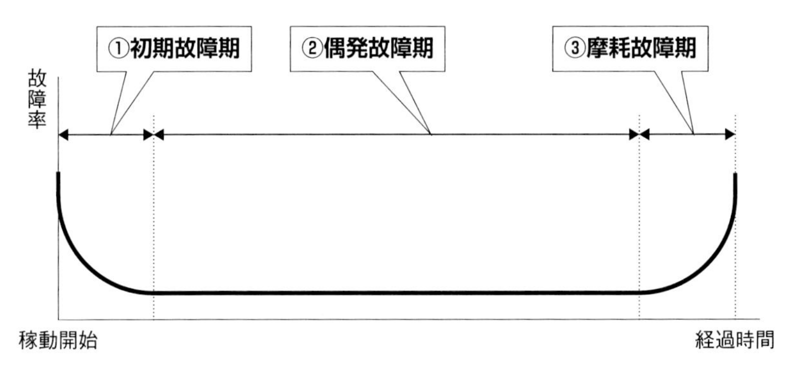

図3-3-4 バスタブカーブのイメージ図

実務における課題と問題

課題　「今はバスタブカーブでいうとどの時期やねん？」と上司から開発品の累積故障率の評価試験を行い、バスタブカーブの時期を確認するように指示があった。

問題　データ解析のための指標はいくつかあるが、偶発故障期に入ったと判断するための指標として適しているのは次のうちどれか？

解答選択欄

イ	平均値の確認	ロ	ワイブル分布の確認
ハ	標準偏差σの確認	ニ	工程能力指数Cpkの確認

【解説】 サンプルの故障時間と累積故障率$F(t)$から計算されるy値をワイブル確率紙にプロットしてワイブル分布を作成すると、形状パラメータmを求めることができます。形状パラメータmの値から故障の型を確認することができます。

$m<1$のとき、時間とともに故障率が小さくなる性質を持つ。初期故障期に該当する。

$m=1$のとき、時間に対して故障率が一定となる性質を持つ。偶発故障期に該当する。

$m>1$のとき、時間とともに故障率が大きくなる性質を持つ。摩耗故障期に該当する。

よって解答はロになります。

メモメモ　ワイブル確率紙について補足します

ワイブル確率紙は**図3-3-5**に示すようなデータをプロットする用紙です。横軸に時間、縦軸にy値をとってプロットし、得られたグラフから故障に関する解析を行うものです。

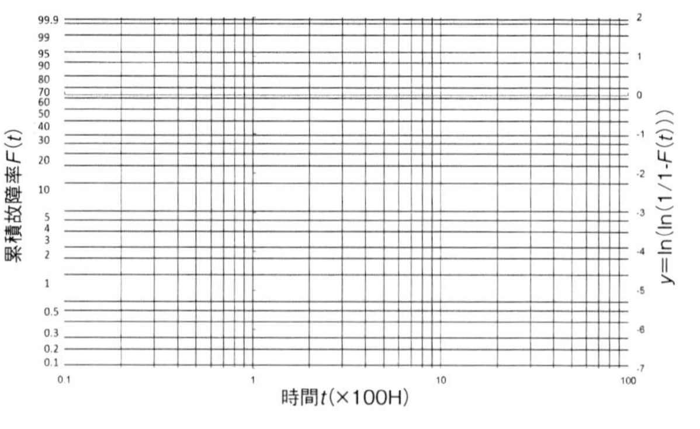

図3-3-5 ワイブル確率紙

実務における課題と問題

課題 「製品寿命ってどれくらいやねん？」と上司から製品寿命の予測を評価して報告するように指示を受けた。

問題 サンプルを壊れるまで連続動作させて、各サンプルの故障時間の平均値を確認したがこれは正しいか？

解答選択欄 ○ or ×

【解説】 故障時間の平均値では製品寿命の予測には不十分です。
予測のためにはワイブル確率紙を用います。

よって解答は×になります。

1. 稼動開始あるいは市場投入からの任意経過時間から累計故障率を予測したい場合。
　①予測したい時間tに縦線を引きます。
　②ワイブル分布の直線との交点から累積故障率$F(t)$を読み取ります。
　下図の例では10×100＝1,000時間で約28％が故障すると予測されます。
2. 任意の累計故障率に到達する時間を予測したい場合。
　①予測したい累積故障率$F(t)$から横線を引きます。
　②ワイブル分布の直線との交点から時間t値を読み取ります。
　下図の例では累積故障率$F(t)$が10%に到達する時間が約520時間であると予測されます。

・累積故障率が10%に到達する時間を特にB10ライフ（ビーテンライフ）と呼びます。

・y値ゼロから追った時間t値を特に尺度のパラメータといい、ηで表します。
　右図の例ではηは約20×100＝2,000時間になります。

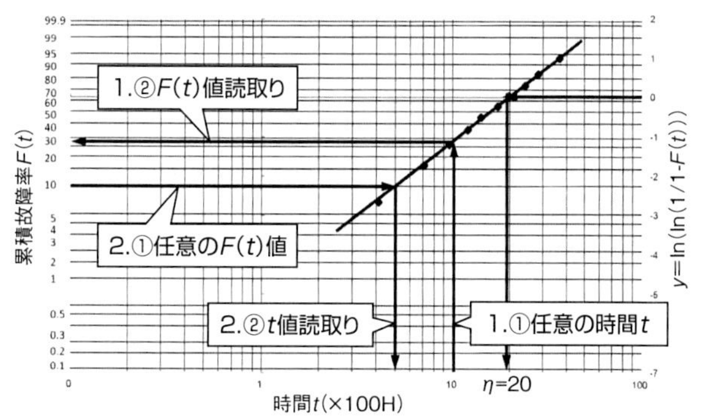

図3-3-6 ワイブル確率紙による分析

メモメモ　**ワイブル分布について補足します。**

ワイブル分布の作成方法と形状パラメータmを求めるための5ステップについて説明します。

まず、サンプル（本例では10個）が全て故障するまでの時間を計測します。（完全データ）

◆ステップ1

サンプルの故障時間を短いものから順に書き出す。

◆ステップ2

累積故障率$F(t)$を平均ランクもしくはメジアンランクで算出する。

・平均ランク$F(t)=r/(n+1)$

・メジアンランク$F(t)=(r-0.3)/(n+0.4)$

r：累積故障数

n：全サンプル数

＊平均ランクはサンプルの平均値を基準とします。メジアンランクはサンプルの中央値を基準とします。サンプル数が少ない場合はメジアンランクを採用します。

◆ステップ3

自然対数lnを用いてyおよび$\ln(t)$を計算する。

$$y=\ln[\ln\{\ln(\frac{1}{1-F(t)})\}]$$

表3-3-1 累積故障率の計算

	サンプル	1	2	3	4	5	6	7	8	9	10
ステップ1	故障時間 t(×100H)	4.1	7.1	9.6	12.1	14.2	17.3	19.8	24.1	28.3	36.7
ステップ2	平均ランク%	9.1	18.2	27.3	36.4	45.5	54.5	63.6	72.7	81.8	90.9
	メジアンランク%	6.7	16.3	26.0	35.6	45.2	54.8	64.4	74.0	83.7	93.3
ステップ3	y	-2.66	-1.72	-1.20	-0.82	-0.51	-0.23	0.03	0.30	0.59	0.99
	$\ln(t)$	1.41	1.96	2.26	2.49	2.65	2.85	2.99	3.18	3.34	3.60

平均ランクとメジアンランクの算出例：サンプル2

$r=2$、$n=10$（全サンプル数10個のうち、累積で2個目の故障サンプル）

・平均ランク　　$F(t)=2/(10+1)=0.182=18.2\%$

・メジアンランク　$F(t)=(2-0.3)/(10+0.4)=0.163=16.3\%$

◆ステップ4

tとyをワイブル確率紙にプロットし直線近似する。（**図3-3-7**はメジアンランクでプロット）

この直線の傾きが形状パラメータmである。

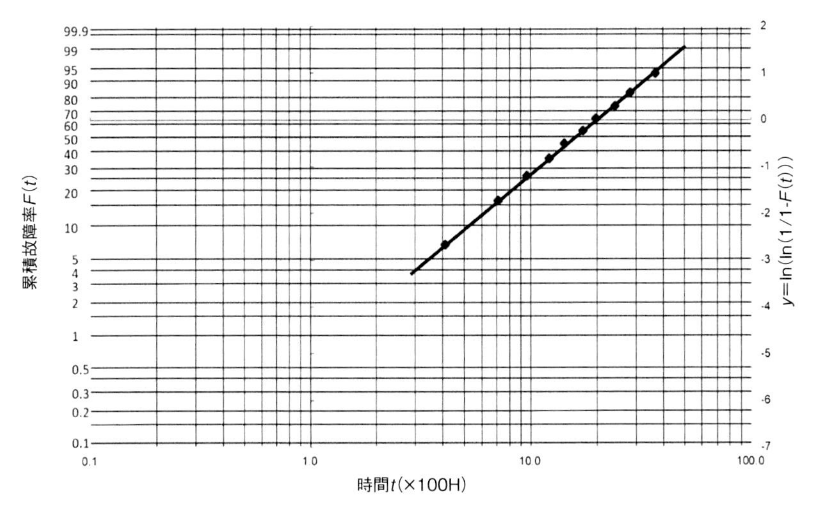

図3-3-7 ワイブル確率紙へのプロット

◆ステップ5

ステップ3で求めたyとln(t)から、直線の傾きを求める。

$$m=\frac{(y_{10}-y_1)}{(\ln(t_{10})-\ln(t_1))}=\frac{0.99-(2.66)}{3.6-1.41}=1.68$$

この例では $m = 1.68 > 1$であり、摩耗故障期に入っていることがわかります。

実務における課題と問題

課題　開発部門を対象にタグチメソッドを学ぶ研修がある。上司から課員全員に「順番に全員受講せぇよ！」と打診された。

問題　タグチメソッドは機械工学には有効であるが、電気工学ではほとんど使われていないため電気制御系の技術者は受講を見送ったが、これは正しいか？

解答選択欄　

【解説】 タグチメソッドとは田口玄一氏が開発したもので、日本では特に品質工学とも呼ばれます。

品質のバラつきや劣化などの品質トラブルが発生しないような設計・製造方法を確立するための品質管理手法です。

タグチメソッドは品質の管理・改善に関するもので製造工程の改善場面に広く使われており、その対象は機械工学にとどまらず電気工学にも使用されます。

よって解答は×になります。

MEMO

メモメモ　実験計画法について補足します。

タグチメソッドとは品質工学のことをいいます。タグチメソッドでは複数の制御できる因子（＝パラメータ）と制御の難しい因子（＝外乱）とが品質のバラつきに与える影響を調べます。

ここで例えば電流などのパラメータが7種類ありその水準がHighとLowなど2つあった場合に、総当たりで確認実験を行うと2^7＝128通りの組み合わせとなります。この組み合わせをすべて確認するためには、かなりの労力が必要となります。

表3-3-2 因子と水準

	因子（パラメータ）						
	電流	電圧	圧力	温度	時間	A寸法	B寸法
水準1	10A	24V	0.5MPa	40℃	60秒	10.5mm	12.5mm
水準2	5A	12V	0.3MPa	20℃	20秒	9.5mm	11.5mm

そこで効率よく因子の影響を調べる方法として実験計画法があります。

実験計画法では直交表を利用します。因子と水準の数により、直交表の種類・選択は多数ありますが、ここでは$L_8(2^7)$の直交表を利用します。

総当たりでは2^7＝128通りの組み合わせとなりますが、$L_8(2^7)$の直交表を利用することで8通りの組み合わせで因子の影響を調べることができます。

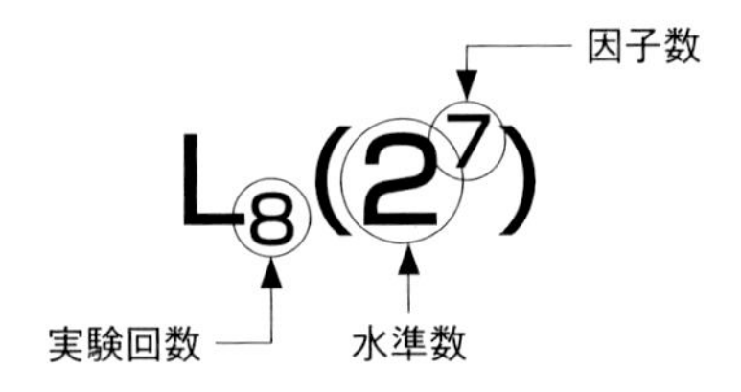

メモメモ　実験計画法について補足します。

①実験1～8における因子・水準の組合せです。(**表3-3-3**)
②各実験における結果（製品からの電流出力特性など）を記録します。
　単純な合否判定の場合は”0”と”1”を記録します。(**表3-3-4**)
③各因子の水準1,2それぞれの実験結果の平均を計算します。(**表3-3-5**)
　例えば電圧の水準2であれば実験3,4,7,8の4つの結果の平均を計算します。
④因子ごとの平均値をグラフ化します。(**図3-3-8**)

　得られたグラフ④から電流、B寸法、温度の順で影響が大きいことがわかります。

表3-3-3 因子と水準

	因子(パラメータ)						
	電流	電圧	圧力	温度	時間	A寸法	B寸法
水準1	10A	24V	0.5MPa	40℃	60秒	10.5mm	12.5mm
水準2	5A	12V	0.3MPa	20℃	20秒	9.5mm	11.5mm

表3-3-4 直行表(実験組合せと結果の記録)

$L_8(2^7)$	電流	電圧	圧力	温度	時間	A寸法	B寸法	特性値μ
実験1	1	1	1	1	1	1	1	24
実験2	1	1	1	2	2	2	2	28
実験3	1	2	2	1	1	2	2	30
実験4	1	2	2	2	2	1	1	20
実験5	2	1	2	1	2	1	2	37
実験6	2	1	2	2	1	2	1	29
実験7	2	2	1	1	2	2	1	35
実験8	2	2	1	2	1	1	2	36

①実験の組合せ　　**②結果**

表3-3-5 ③結果の整理

因子	電流		電圧		圧力		温度		時間		A寸法		B寸法	
水準	1	2	1	2	1	2	1	2	1	2	1	2	1	2
平均値	25.5	34.25	29.5	30.25	30.75	29	31.5	28.25	29.75	30	29.25	30.5	27	32.75

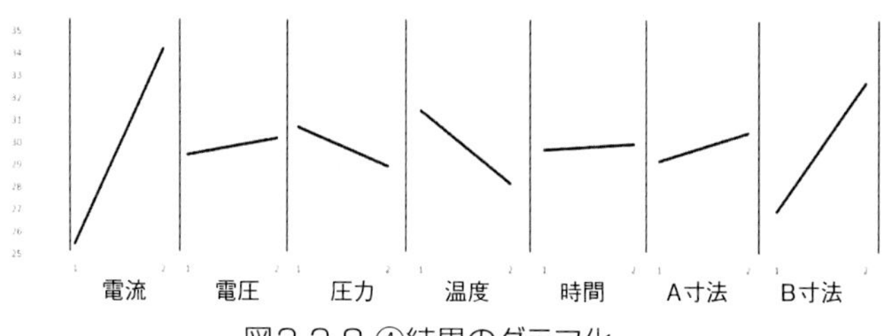

図3-3-8 ④結果のグラフ化

実務における課題と問題

課題 製造現場から「ねじ締めトルクの設計値2Nmに対してねじ締め機の設定出力トルクを2.2Nmとしていたけど、ねじ締め後のトルク値を確認すると平均値は1.8Nmと規格に対して低くてバラつきも大きい。何とかならへんか？」と連絡があった。
上司から「この前タグチメソッドの研修を受けたとこやん！頼むでぇ」と対策を取るように指示された。

問題 解答選択欄、イロハニの順で対応を行った。この中で対応として不適切なものは次のうちどれか？

解答選択欄
イ　FTAによりバラつきの 原因を調査した。
ロ　複数挙がった原因の影響度合いを実験計画法で確認した。
ハ　平均値が低いので設定値を高くした。
ニ　影響の大きかった電流を精密に制御するようにした。

【解説】 タグチメソッドではまず品質管理値のバラつきに注目し、その次に平均値を規格値に近づける方法を検討します。

問題文の場合、トルクがばらつく原因に着目し原因を究明して対策を行う必要があります。
ねじ締めトルクがばらつく原因としては、異物混入、斜めねじ、ねじ山変形、母材のへたれなどがあります。
バラつきを小さくするような対策を行うと、平均値も改善されることがあります。それでも平均値が低いようであれば、設定値を変更して平均値を規格値に近づけていきます。

よって解答はハになります。

メモメモ　**バラつきについて補足します。**

例えば、ねじ締めを機種A,Bそれぞれで100本行い、10本ずつ抜き取り計測したトルクデータが次の表のようになったときを考えてみます。

表3-3-6 ねじ締めトルク

ねじ締め	1	2	3	4	5	6	7	8	9	10	平均値	σ
機種A	1.77	1.82	1.83	1.76	1.79	1.86	1.82	1.6	1.86	1.87	1.80	0.075
機種B	1.59	1.6	1.58	1.61	1.62	1.61	1.62	1.59	1.59	1.6	1.60	0.013

機種A,B測定結果の正規分布グラフは次の図のようになります。

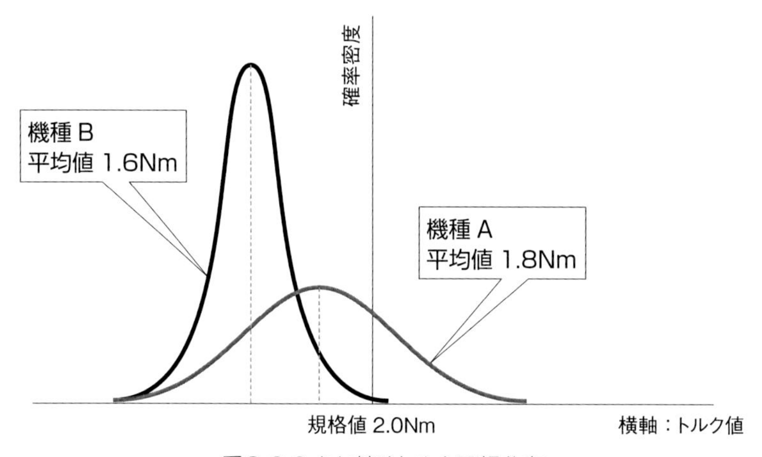

図3-3-9 ねじ締めトルク正規分布

タグチメソッドでは機種Bの方がバラつきが少なく、優れた結果であると判断します。次にその平均値を規格値に近づけるための方法を検討します。

実際のねじ締め機でこのような結果が得られた場合、機種Bは設定トルク値を上げることでバラつきはそのままに平均値を規格値に近づけることができます。

しかし、機種Aのバラつきを抑えようと思うとその原因特定から行う必要があり、非常に手間と時間がかかります。

【タグチメソッドによるバラつき評価に関する参考記事
https://www.haruyama-ce.com/taguchi-method/】

メモメモ　正規分布について補足します

正規分布とは

横軸に確率変数（観測データ）を縦軸に確率密度（ある範囲の確率変数の相対的な出やすさ）をとって分布を描いたときに、次のような特徴を持つものです。

・左右対称である。
・平均値の確率密度が最も大きくなる。
・平均値から離れるほど、確率密度が小さくなる。

正規分布を理解するには平均値Aveと標準偏差σを知る必要があります。

あるデータの集まりの平均値Aveと標準偏差σは、そのデータの集まりの68%がAve±σの中に入っていることを意味します。

なお、±2σの範囲には95%、±3σの範囲には99.7%が入ることになります。

ねじ締めの例では、機種Aは1.80Nm±0.075Nmの中に68%のデータが入ります。

表3-3-7 ねじ締めトルク

ねじ締め	1	2	3	4	5	6	7	8	9	10	平均値	α
機種A	1.77	1.82	1.83	1.76	1.79	1.86	1.82	1.6	1.86	1.87	1.80	0.075
機種B	1.59	1.6	1.58	1.61	1.62	1.61	1.62	1.59	1.59	1.6	1.60	0.013

＊参考

標準偏差σはエクセルの関数「STDEV.P(データ範囲)」で算出できます。

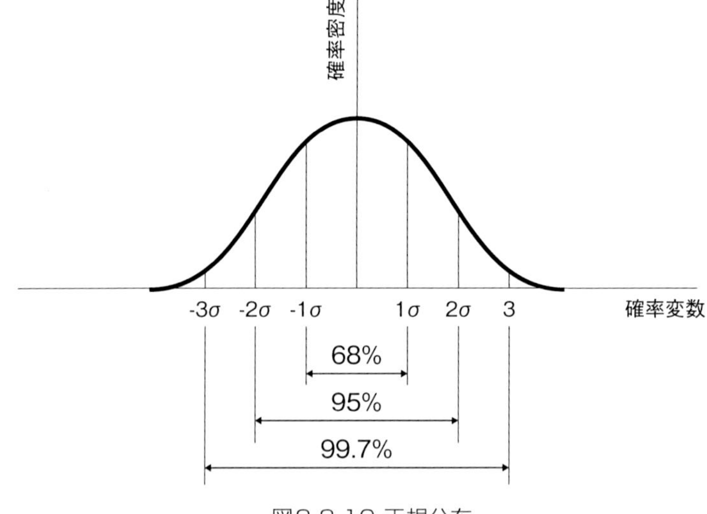

図3-3-10 正規分布

Column　ねじ締めトルクの測定

現場で行われるねじ締めトルクの測定は主に3種類あります。

（1）ゆるめトルクの測定（戻しトルク法）

締め付け後のねじを少しずつゆるめる方向にトルクをかけて、回り始めたトルクを測定します。

実際にトルクレンチを使ってやってみると分かりますが、少しずつトルクをかける、つまり緩める方向に力をかけるとトルク値が徐々に上がっていき、あるとき急に手応えがなくなります。

これがねじのゆるんだ瞬間です。

3種類の測定法の中で最も簡単ですが、注意点が2つあります。

①実際のトルクより低い値で測定される傾向がある。

②測定後に締めなおす必要がある。

（2）増し締めトルクの測定（増し締め測定法）

締め付け後のねじをさらに締めつけていき、回り始めた後の最小トルク値を測定します。

回り始めた瞬間のトルクを増し締めトルク値としていることもありますがその場合、実際のトルク値よりも高めの値になります。

この方法もやはり少しずつトルクをかけていくとあるとき急に手応えがなくなります。

これがねじの回りだした瞬間です。このときの最大値ではなく、直後に示す最小値が実際のねじのトルクになります。

実際に何本かやってみればわかりますが、手応えがなくなる瞬間がわかりにくいものもあり、見極めにはコツがいります。

この方法は測定後に締めなおす必要がありません。

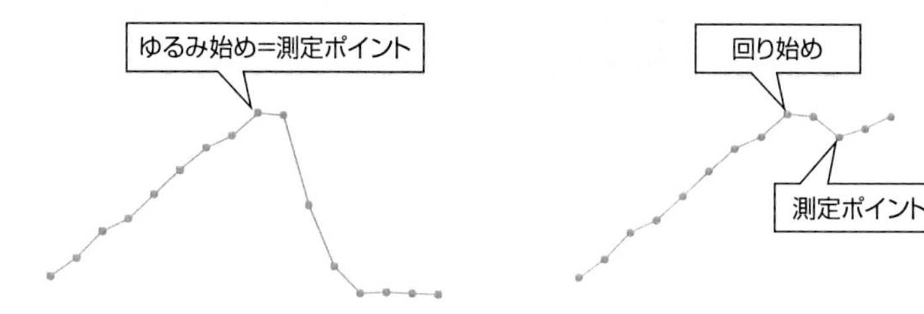

図3-3-11 ゆるめトルク法のトルク推移　　図3-3-12 増し締めトルク法のトルク推移

（3）再現による測定（マーク法）

ねじ頭と締め付けている本体の位置関係がわかるようにマーキングをしてからいったん緩めます。そして再度マークした位置まで締め付けてそのときのトルクを測定する方法です。

3つの中では最も簡単に信頼できるデータが得られますが、測定に手間と時間がかかります。

実務における課題と問題

課題 調達部門とともに、部品のサプライヤーへ定期の工程審査に訪問することとなった。上司からは「特に品質をよく見ておけよ。あいまいな評価ではなく数値で評価するんやで！」と出発前に声をかけられた。

問題 製造工程の品質能力を定量的に評価するために適切な指標は次のうちどれか？

解答選択欄

イ　工程能力指数Cp　　ロ　工程能力指数Cpk

ハ　リードタイム　　ニ　製造原価

【解説】 品質管理において工程の持つ能力を定量的に評価する指標に工程能力指数(Process Capability Index）があります。

工程能力指数にはCpとCpkの2つがあります。それぞれの計算式は次の通りです。

$$Cp=\frac{(上限規格値-下限規格値)}{6\times標準偏差}$$

$$Cpk(上限)=\frac{(上限規格値-平均値)}{3\times標準偏差}$$

$$Cpk(下限)=\frac{(平均値-下限規格値)}{3\times標準偏差}$$

Cpkは2つの式のうち、計算結果が小さい方を採用します。

さてここでCpの計算式の前提には、2つの条件があります。

①すべてのデータが上下限規格値内にある。

②データの平均値が規格範囲の中心値である。

例えば切削加工の寸法規格値が、20±0.2㎜とします。

このときCpを計算するためには、切削加工の結果が①全て19.8mm～22.2㎜の範囲にあり、②平均値が20mmである必要があります。

これは実際の製造工程ではあり得ません。必ず結果の平均値と規格中心値にはズレが生じます。このズレを考慮したものがCpkになります。

製造工程能力の評価には同じ工程能力指数でもCpではなく、Cpkを確認する必要があります。

なお、リードタイムとは製品1個を製作するためにかかる時間のことをいいます。

よって解答はロになります。

メモメモ　工程能力指数Cpkについて補足します。

まずは下の二つの図を見比べてください。**図3-3-13**はCpkの高い工程の品質管理データの分布で**図3-3-14**はCpkの低い工程のそれになります。

つまり①の方が平均値（山の中心）はより規格値に近く、標準偏差σ（山の幅）は小さい工程（バラつきが小さい工程）となります。

①は±σが、規格である±0.2mm以内に入っています。規格内が68.3%以上になります。

②は±σが、規格である±0.2mmを超えています。規格内が68. 3%未満になります。

つまり、②の工程で製作されたものの多くが規格外不良となっています。作ってもほとんどを廃棄する状態です。これではコストアップや納期遅れの原因になります。

また、良品であっても規格ぎりぎりの部品が多くなります。

製品設計上、使用する部品の全てが「最大－最小」、最悪状態での組合せで成り立つものであればよいのですが、使用する部品全ての最悪状態を考慮すると規格値が厳しくなります。これもコストアップにつながる要因となります。

よって公差内の二乗平均で組合せを考えている設計も少なくありません。その場合、Cpkが低く規格値ぎりぎりのモノがあまりにたくさん入ってくると、自社内の工程で問題が発生します。

工程の品質能力を評価し、低かった場合にどこまで改善すればよいのかを定量的に示すことができる指標が、工程能力指数Cpkです。

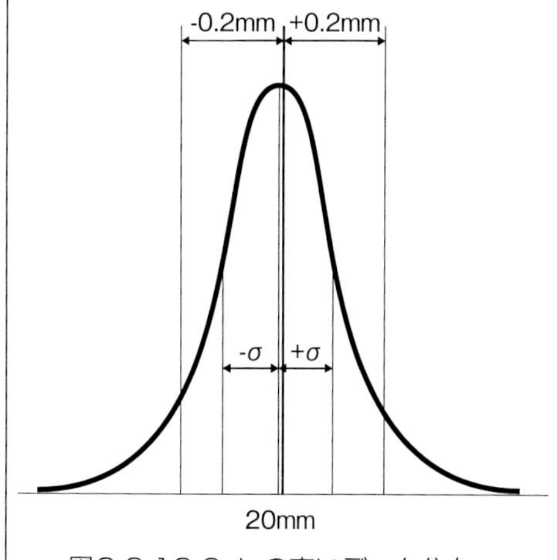

図3-3-13 Cpk の高いデータ分布

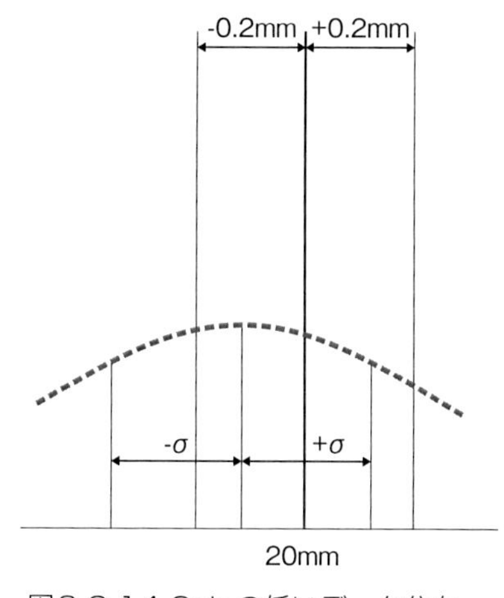

図3-3-14 Cpk の低いデータ分布

工程能力指数Cpkの目安です。

Cpk≧1.33　工程能力が高いね！
Cpk≧1.00　まあまあ普通だね。
Cpk＜1.00　低い！改善しようね。

ステップ1　故障メカニズムを明らかにする手法を学ぼう！

◆製品トラブル前に事前対策するツールがFMEAです。

◆製品トラブル後に原因分析するツールがFTAです。

ステップ2　人の行動について学ぼう！

◆人は過ちをおかすという前提で設計に取り組む必要があります。

◆そのためには誤った操作ができないような工夫、フール・プルーフの考え方が重要となります。

ステップ3　故障と不良を防ぐ保全と管理について学ぼう！

◆故障には劣化故障と突発故障の2種類があります。

◆保全の体系をまとめると次のようになります。

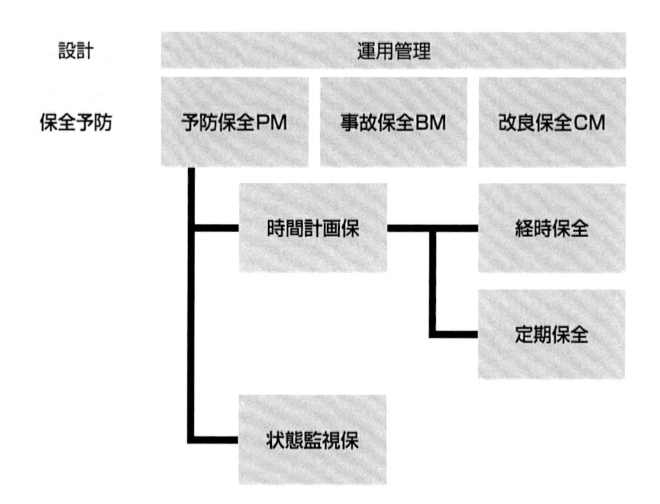

◆設備の故障率はバスタブカーブを描き3つの時期に分かれます。

1.故障率の高い、初期故障期

2.故障率が一定水準に落ち着く、偶発故障期

3.故障率が上昇していく、摩耗故障期

◆3つの時期の判別にはワイブル分布を作成すればわかります。

◆製造工場の実力は工程能力指数Cpkで確認できます。

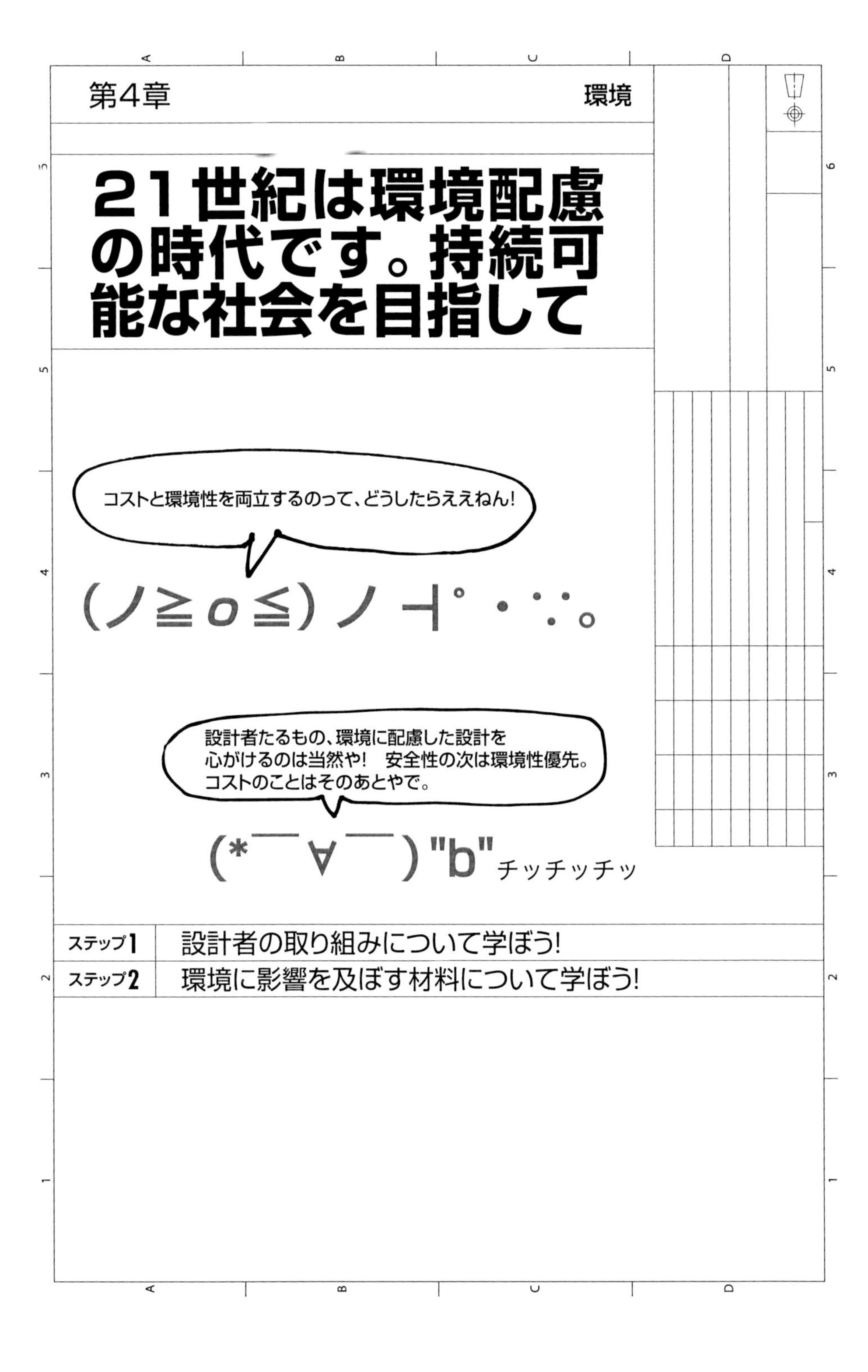

21世紀は環境配慮の時代です。持続可能な社会を目指して

ステップ1	設計者の取り組みについて学ぼう!
ステップ2	環境に影響を及ぼす材料について学ぼう!

実務における課題と問題

課題　ISO14001内部監査で「ライフサイクルアセスメントの取り組みはどないしてんの？」と質問があった。

問題　ライフサイクルアセスメントの取り組みとして正しいものは次のうちどれか？

解答選択欄

イ　インベントリ分析の実施

ロ　オフィスのごみ分別

ハ　RMI（Responsible Minerals Initiative）への参加

ニ　CSR（Corporate Social Responsibility）調達の推進

【解説】 ライフサイクルアセスメント（Life Cycle Assessment：LCA）とは製品やサービスがそのライフサイクル（調達・生産・流通・消費・廃棄、リサイクル）の中で環境に与える影響を定量的に評価する手法です。

その手順はISO14040 LCAに次の4つのステージが規定されています。

1. 目的・評価範囲の設定

「対象製品・サービスは何か」「環境に与える影響として何を評価するのか（地球温暖化、大気汚染、エネルギー枯渇等）」「評価結果をどのように使うか」などを明らかにします。

2. インベントリ分析

評価範囲（対象製品）のライフサイクルに対してインプットデータ（投入されるエネルギーや材料）とアウトプットデータ（廃棄物や排気ガスなどの環境負荷）を明らかにします。

3. 影響評価（インパクトアセスメント）

CO_2などの温室効果ガスやNOxなどの大気汚染物質、油などの水質汚染物質などによる環境負荷がどのような影響を及ぼしているのか、数値に換算し定量的に評価することです。

4. 解釈

インベントリ分析や影響評価の結果から「重要な項目の特定」「結果の確実性と信頼性の評価」「結論及び提言」を行います。

ライフサイクルアセスメントの手順2. でインベントリ分析を行います。

よって解答はイになります。

メモメモ　ほかの解答について補足します。

ロ　オフィスごみの分別について

ごみの分別は事業を営む上での環境影響低減には必要な行動であります。しかしライフサイクルアセスメントはあくまで製品やサービスのライフサイクルでの評価です。よってその視点からの取り組みとしては適当であるとはいえません。ただし、製品ライフサイクルの中で排出されるごみの分別であれば適当であるといえます。

ハ　RMI（Responsible Minerals Initiative）への参加

RMIとは責任ある鉱物調達の問題への取り組みを主導している団体のことです。一部の鉱物は紛争鉱物と呼ばれています。ある地域で採掘された鉱物資源は紛争地域における武力勢力の資金源となっていることが指摘されています。そのため特に米国金融規制改革法では「すず・タンタル・タングステン・金（3TG）」の4物質を規制対象とし、上場企業は紛争鉱物を購入していないことを確認する必要があります。また、EUでは米国と異なり3TGを含むすべての金属鉱物を対象とし、対象地域は全世界の紛争地域及び高リスク地域としています。

RMIがこれら規制に対応するために、国際的な報告ガイドラインを策定しています。

ニ　CSR（Corporate Social Responsibility）調達

CSRとは企業の社会的責任のことで、CSR調達とはCSRの取り組みを調達先の企業にも求めることをいいます。

もともとは欧米を中心に1990年代から関心が高まったものですが、2000年代に入り日本国内でもまずはソニーや東芝などの大手電機メーカーからCSR調達の考えを取り入れていきました。いまでは「強制労働」「児童労働」「非人道的な処遇」などをサプライヤー行動規範への重大な違反例として、違反の疑いがあると判断されたら新規取引は開始できないとする企業も多くあります。

実務における課題と問題

課題 朝会で上司から「明日のISO14001 内部監査でグリーン調達について部の方針を聞かれると思うけど変な回答したらあかんで！大丈夫やんな！」といわれた。

問題 グリーン調達の取り組みとして正しくないものは次のうちどれか？

解答選択欄
- イ ブレーキシューにはアラミド繊維を採用している。
- ロ ハンダは鉛フリーを採用している。
- ハ 自然由来のものを優先的に使用している。
- ニ 六価クロムめっきを使用禁止としている。

【解説】

イ かつてブレーキシューにはアスベストが多用されていましたが、肺がん、悪性中皮腫などの健康被害が知られ、今ではその使用が禁止されています。

ロ 鉛は体内に蓄積すると軽度では疲労感や不眠症状、重度になると脳症などの鉛中毒を引き起こします。RoHS指令では製品への含有率が規制されています。

ハ グリーン調達とは原材料、部品、資材、サービスなどをサプライヤーから調達する際に優先的に環境負荷の小さいものを選択する取り組みのことであり、必ずしも自然由来のものを優先的に選択する活動ではありません。

ニ 六価クロムは代表的な中毒症状として、鼻中隔穿孔という左右の鼻の穴の間にある壁に穴が開く病気を引き起こします。このためRoHS指令では製品への含有率が規制されています。

よって解答はハになります。

メモメモ グリーン調達について補足します。

2001年4月に施行された「国等による環境物品等の調達の推進等に関する法律（グリーン購入法）」により官公庁でのグリーン調達が実施されるようになり、民間企業でも積極的に取り組むようになりました。

代表的な取組としてはReach（Registration, evaluation, authorization and restriction of chemicals）規則や、RoHS（Restriction of the use of certain Hazardous Substances in electrical and electronic equipment）指令への対応があります。

実務における課題と問題

課題 新製品の開発会議でブレーンストーミングを行った。
そこでコンパクト化を提案したら、上司から「既存顧客の多くは従来品の置きかえや。設置スペースは確保されてるしコンパクト化しても意味あらへんで？！」といわれた。

問題 コンパクト化のメリットとしてふさわしくないものは次のうちどれか？

解答選択欄

イ	環境負荷低減	ロ	輸送効率の向上
ハ	コストダウン	ニ	開発リードタイム短縮

【解説】 コンパクト化により次のようなメリットを得ることができます。

・使用資源が最小限に抑えられ、コストダウンや環境負荷低減に効果がある。
・面積が減ることで、例えば従来は1トラックで100個しか運べなかった製品が200個運べるようになり、輸送効率が上がる。
・製品1個当たりの重量が軽量化されることで、やはり輸送効率が上がる。
・製品廃棄時のコストダウンが見込める。(ユーザーメリット)

コンパクト化により製品ライフサイクルの各段階において環境負荷の低減とコストダウンが見込めます。また、一度に多くの製品を運べるようになり輸送効率の向上につながります。

一方で、コンパクト化と開発リードタイムの短縮に因果関係はあまりありません。

よって解答はニになります。

メモメモ　開発リードタイムについて補足します。

開発リードタイムとは、新製品の開発開始から製品完成までにかかる時間のことです。
開発リードタイムの短縮には次のようなものが挙げられます。
・機能ごとにまとまりを分ける、いわゆるモジュール化による設計効率化を図る。
・3Dプリンタ利用による試作にかかる時間を短縮する。
設計担当者としてまずできることは、CAD/CAM/CAEを有効に活用することが挙げられます。

実務における課題と問題

課題 上司に図面のチェックをお願いしたところ、「規制物質は入ってへんやんな？」と部品の材質や表面処理で使用される物質の確認をされた。

問題 めっきに六価クロムを指定していたため、そのめっき膜厚の指定と対象の表面積から使用量を算出した結果を資料にまとめた。対応は充分か？

解答選択欄 ○ or ×

【解説】 六価クロムはREACH規則の対象であるとともに、RoHS指令による規制物質の対象でもあります。

REACH規則は対象物質の含有を禁止するものではありません。使用の総量を管理し届け出を行うことが必要になります。正確にはEU域内で総量1トン／年以上の化学物質そのものを販売するには、欧州化学品庁、ECHA（European CHemicals Agency）に登録する必要があり、製品についても意図的な放出がある場合は登録、「使用量が多く有害誠意が懸念される化学物質」＝高懸念物質（SVHC：Substances of Very High Concerns）が含まれている場合は届け出や情報伝達などの対応が必要となります。

SHVCは当初15物質が指定されましたが、2019年末時点では205物質に急拡大しています。

RoHS指令は、電気電子機器を構成する材料中に含まれる対象物質を規定以上の濃度で含有することを禁じています。

六価クロムはRoHS指令での対象になっているため、使用量を調べるだけではなく、物質の濃度を確認し、規定以上であれば使用量を減らすか代替案を探る必要があります。

よって解答は×になります。

メモメモ　RoHS指令の対象物質について補足します。

当初はRoHS指令の対象物質は6種類でしたが、2015年に改正、4物質が追加されました。

計10物質になったRoHSのことを「RoHS2」（ローズ・ツー）あるいは「RoHS10」（ローズ・テン）と呼ぶことがあります。

表4-1-1 RoHS 指令の対象10 物質

名称	記号	含有率	
鉛	Pb	1,000ppm	当初規制物質
水銀	Hg	1,000ppm	当初規制物質
カドミウム	Cd	100ppm	当初規制物質
六価クロム	Cr6+	1,000ppm	当初規制物質
ポリ臭化ビフェニル	PBB	1,000ppm	当初規制物質
ポリ臭化ジフェニルエーテル	PBDE	1,000ppm	当初規制物質
フタル酸ジ-2-エチルヘキシル	DEHP	1,000ppm	2015年追加
フタル酸ブチルベンジル	BBP	1,000ppm	2015年追加
フタル酸ジ-n-ブチル	DBP	1,000ppm	2015年追加
フタル酸ジイソブチル	DIBP	1,000ppm	2015年追加

実務における課題と問題

課題 **定例開発会議前日に上司から「トップランナーはどや？」とトップランナーとの比較表を作るように指示された。**

問題 トップランナーとは何を示しているのか？

解答選択欄

イ　業界シェアNo.1の商品
ロ　新商品投入のサイクルが最も早い商品
ハ　最高速度が最も早い乗用自動車
ニ　市場に出ている商品の中で最も省エネ性能が優れている商品

【解説】 トップランナー制度とはエネルギーの使用の合理化等に関する法律、通称省エネ法に基づいた機器のエネルギー消費効率の基準を設定する方法のことです。

基準を設定する際に、すでに商品化されている製品のうち「最も省エネ性能が優れている機器」をトップランナーとして、その性能以上に基準を設定する方法です。

よって解答はニになります。

メモメモ　トップランナー制度について補足します。

1998年の導入当初、トップランナーの対象機器は11品目でしたが、2002年には7品目、2006年に3品目、2009年に2品目、2013年に5品目と省エネに寄与する建築材料として断熱材、窓（サッシ、複層ガラス）も対象に追加されて合計31品目となっています。

表4-1-2 トップランナー制度規制対象機器一覧

No.	機器	No.	機器
1	乗用自動車	17	自動販売機
2	エアコンディショナー	18	変圧器
3	照明器具（蛍光ランプのみを主光源とするもの）	19	ジャー炊飯器
4	テレビジョン受信機	20	電子レンジ
5	複写機	21	DVDレコーダー
6	電子計算機	22	ルーティング機器
7	磁気ディスク装置	23	スイッチング機器
8	貨物自動車	24	複合機
9	ビデオテープレコーダー	25	プリンター
10	電気冷蔵庫	26	電気温水機器（ヒートポンプ式給湯器）
11	電気冷凍庫	27	交流電動機
12	ストーブ	28	電球形LEDランプ
13	ガス調理機器	29	断熱材
14	ガス温水機器	30	サッシ
15	石油温水機器	31	複層ガラス
16	電気便座		

余談ですが、「トップランナー」は和製英語であり、日本独自の取り組みになります。その成立の背景には、そもそも日本にはエネルギー資源が乏しく、その供給構造がほとんどを海外からの輸出に頼り、本質的に脆弱であることから生まれた制度です。

1970 年代に発生したオイルショックを受けて、エネルギーの効率的な利用が注目されました。

1979 年には省エネ法が制定、1997 年には気候変動枠組条約第3 回締約国会議（COP3）における京都議定書の締結があり、1998 年6 月には省エネ法が改正されました。

（省エネ法の改正に当たり、トップランナー制度が導入されました。）

実務における課題と問題

課題 「低コストも大事やけど、法令順守した製品設計はもっと大事やで！ちゃんとやらなあかんでぇ！」というのが上司の口癖である。

問題 環境に関連した法令を考慮した設計として不適当なものはどれか？

解答選択欄

イ　金属と樹脂を手作業で分解できるように設計した。
ロ　常により性能の良い新製品が普及するように製品寿命を短めに設計した。
ハ　あえて壊れやすい部分を設けて、そこを容易に交換できるように設計した。
ニ　市販されているものよりも省エネ性能が高くなるよう設計した。

【解説】

イ　材質ごとに簡単に分解できるように設計することでリユースやリサイクルが簡単にできるようになります。

ロ　2001年1月に完全施行された循環型社会形成推進基本法の中で、同年4月にリサイクルの推進として施行された資源有効利用促進法があります。
資源有効利用促進法では「省資源化・長寿命化設計を行うべき製品」と「リサイクルしやすい設計などを行うべき製品」が定められています。
寿命を短くする設計ではなく、可能な範囲で長寿命化検討すべきです。

ハ　あえて壊れやすい部分を設けることをダメージトレランスといいます。この部分を容易に交換できるようにすることでメンテナンス性が高まり、製品が長寿命化します。

ニ　市販されているもののうち「最も省エネ性能が優れている機器」の性能以上に基準を設定する方法を定めた制度をトップランナー制度といいます。

製品寿命を短く設計することは環境に対し良い設計とはいえません。

よって解答はロになります。

表4-1-3 循環型社会の形成推進のための法体系

環境基本法	
循環型社会形成推進基本法	
廃棄物処理法 (廃棄物の適正処理)	資源有効利用促進法 (リサイクルの推進)
	・自動車リサイクル法 ・食品リサイクル法 ・建設資材リサイクル法 ・家電リサイクル法 ・容器包装リサイクル法
・グリーン購入法	

メモメモ　長寿命設計、リサイクルしやすい設計

資源有効利用促進法での指定品目には10業種69品目があります。中でも特に製品3Rシステム高度化に向けた設計・製造上の工夫についての中で、「省資源化・長寿命化の設計等を行うべき製品（指定省資源化製品）」として19品目、「リサイクルしやすい設計等を行うべき製品（指定再利用促進製品）」として約23品目が指定されています。

表4-1-4 省資源化·長寿命化の設計等を行うべき製品一覧

No.	製品	No.	製品
1	自動車	11	棚
2	ユニット型エアコンディショナ	12	事務用机
3	ぱちんこ遊技台	13	回転いす
4	回胴式遊技台	14	石油ストーブ
5	テレビ受像機	15	ガスコンロ
6	電子レンジ	16	ガス瞬間湯沸器
7	衣類乾燥機	17	ガスバーナー付ふろがま
8	電気冷蔵庫	18	給油機
9	電気洗濯機	19	パソコン
10	収納家具		

表4-1-5 リサイクルしやすい設計等を行うべき製品一覧

No.	製品	No.	製品
1	浴室ユニット	13	棚
2	自動車	14	事務用机
3	ユニット型エアコンディショナ	15	回転いす
4	ぱちんこ遊技機	16	システムキッチン
5	回胴式遊技台	17	石油ストーブ
6	複写機	18	ガスコンロ
7	テレビ受像機	19	ガス瞬間湯沸器
8	電子レンジ	20	ガスバーナー付ふろがま
9	衣類乾燥機	21	給油機
10	電気冷蔵庫	22	パソコン
11	電気洗濯機	23	小型二次電池使用機器
12	収納家具		

設計者の取り組みについて学ぼう!

実務における課題と問題

課題 ある程度設計が固まった段階で上司から「材料コストはどないなってんねん？ムダがないように設計せなあかんで！」といわれた。

問題 材料コスト低減にも効果のある取り組みは次のうちどれか？

解答選択欄

イ	Reduce（リデュース）	ロ	Refuse（リフューズ）
ハ	Repair（リペア）	ニ	Rethink（リシンク）

【解説】 環境配慮への取り組みは原価、とくに材料コストの低減につながるものも多いです。代表的な取り組みに3Rというものがあります。3Rとは次の3つを指します。

◆Reduce（リデュース：減らす）
出来る限り廃棄物を少なくするための取り組みのこと。
材料のムダを排除することでコストダウンにつながります。

◆Reuse（リユース：そのまま再利用）
使用済の製品そのものやそれを分解して得られる部品等を繰り返し使用すること。
例えばプリンタに使われるインクタンクを回収して再利用されます。部品の一部を再利用することでコストダウンにつながります。

◆Recycle（リサイクル：形を変えて再利用）
廃棄物などを原材料やエネルギー源として再用すること。
例えば鉄は廃棄されると製鉄所で溶かされて原材料として再利用されます。廃棄されたものをそのまま再利用することが難しい場合は原材料として再利用することでコストダウンにつながります。

3RにRefuse（リフューズ：拒否）を加えて4R、さらにRepair（リペア：直す）を加えて5Rと表現することもあります。そのほかにもRethink（リシンク：再考する）など様々なRがあります。

ロ　Refuse：過剰な包装など、ごみになるものを拒否する。
ハ　Repair：使用時に壊れたら直して使う。
ニ　Rethink：本当に必要なものかどうか購入前に再考する。

これらは主にユーザー側の取り組みになります。メーカーにおける材料コスト低減とは異なる取り組みになります。

よって解答はイになります。

メモメモ　3R+αについて補足します。

表4-1-6 3R+α

		読み方	意訳	内容
3R	Redue	リデュース	減らす	廃棄物を減らす。
	Reuse	リユース	再利用	そのまま再利用する。
	Recycle	リサイクル	再資源化	原材料やエネルギーとして再利用する。
4R	Refuse	リフューズ	拒否	ごみになるものを拒否する。
5R	Repair	リペア	直す	壊れたら直して使う。
その他のR	Rethink	リシンク	再考	必要なものかどうか再度考える。
	Rental	レンタル	借りる	必要なときに借りて済ます。
	Refine	リファイン	分別	廃棄するときには分別する。
	Reform	リフォーム	改良	使わなくなったものを作り直す。
	Return	リターン	戻す	使わなくなったものを廃棄せずに回収先に回す。
	Recreate	リクリエイト	楽しむ	環境保全を満喫、楽しむ。
	など			

メモメモ　設計者が検討すべき3Rについて補足します。

◆Reduce

「出来る限り廃棄物を少なくするための取り組みのこと」

・長寿命化設計（耐久性やメンテナンス性など）により長く使える製品とする。
・コンパクト化により材料、部品の削減を図る。
・梱包の簡易化によりごみの排出削減を検討する。
・ネスティングなどにより原材料使用の効率化を図る。

＊ネスティングとは、直訳は入子構造のことで、板金部品を効率良く切り出す部品配置のことをいいます。図4-1-1 のように鉄板から「ヨ」型の材料を切り出す場合、ネスティングにより材料を効率良く使うことができます。

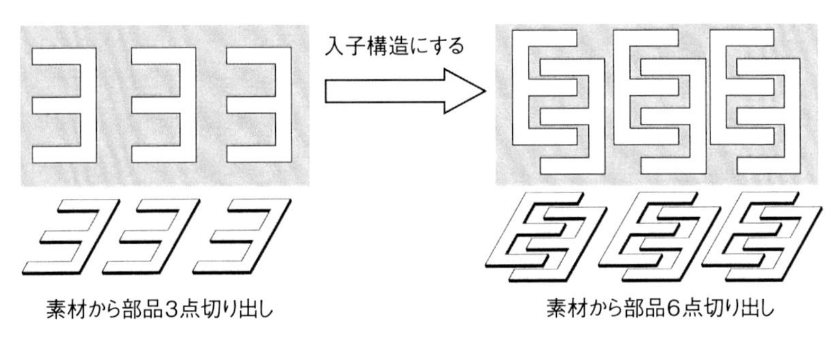

図4-1-1 ネスティングイメージ図

◆Reuse

「使用済の製品そのものやそれを分解して得られる部品等を繰り返し使用すること」

・インクカートリッジのように使用済み製品から部品を回収、再利用できるよう設計する。

◆Recycle

「廃棄物などを原材料やエネルギー源として再用すること」

・使用後のリサイクルをやりやすいよう、金属や樹脂などの分別単位で分解しやすい構造を検討する。
・製品の素材にリサイクル原材料を使う。

循環型社会の形成に向けて必要な3R の取り組みを推進するために、2001 年4 月に資源有効利用促進法が施行されました。この法律では10 業種・69 品目を指定して製品設計段階における3Rの配慮、製造段階における3R 対策などが規定されています。

つまりメーカー側で製品の設計製造にあたって3R の配慮・対策が必要になります。

Column　リユース設計の例

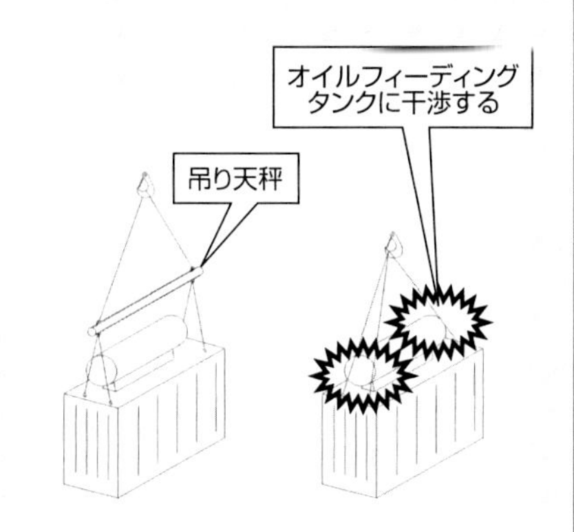

図4-1-2 トランスの玉掛

一時期、工場設備の更新工事を計画する仕事を担当していました。そのころ、大型トランスの撤去を行いました。重量、数十トンと超大物です。

屋外に設置されたこれだけの大物器具を撤去する際には、移動式の大型クレーンで吊り上げることが一般的です。またその際に吊り天秤と呼ぶ専用の道具を製作、使用することがあります。

天秤を使わずに吊り上げようと玉掛（クレーンなどにワイヤーを使って物を掛け外しする作業）をすると、一部の構造物に干渉することがあるからです。

このとき使用した超重量物を吊り上げるための天秤は、直径200 ㎜程度、長さ3m 程度の鋼管に20 ㎜程度の板厚の吊りピースを溶接して作られています。

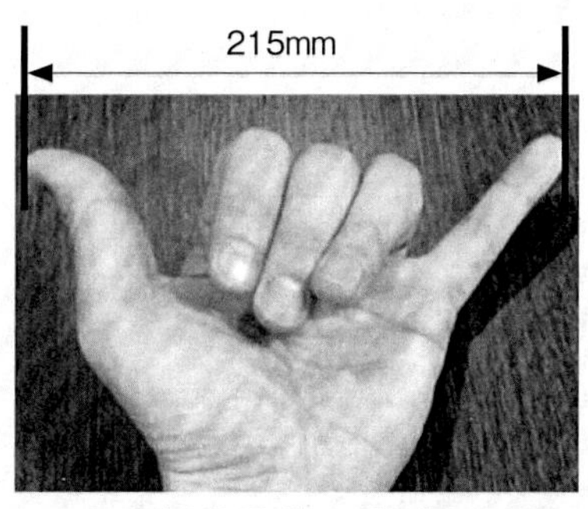

図4-1-3 私の手の幅

直径200 ㎜程度というと、成人男性が親指と小指を広げたときの指先同士の間隔程度です。もちろん個人差はあります。ちなみに私は215㎜程度です。また、3m程度というと成人男性が少し広めの歩幅で歩いたときの一歩が1m 程度ですので、大股で歩いて3～4 歩ということになります。もちろんこちらも個人差があります。

さて、これだけの大きさを持つ吊り天秤はそれだけで100kg 近くの重量物です。せっかく作ってもたった1回の撤去工事でお役御免となるのはもったいない話です。そこで吊りピースを複数つけて、他の重量物にも対応し使いまわしができるような形状としています。

吊り天秤を製作する際にはよくやることです。これも立派なリユース設計です。

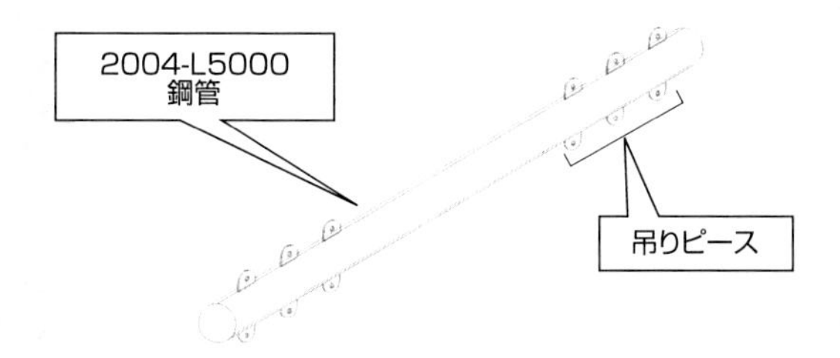

図4-1-4 吊り天秤

実務における課題と問題

課題 「生産性の高い、つまりコストが低い設計かつ環境に配慮をした設計が良い設計や！両方実現するように頑張りや」といわれた。

問題 生産性向上に効果の期待できる設計手法ではないものは次のうちどれか？

解答選択欄

イ 生産性向上設計　　ロ 省資源設計
ハ 本質安全設計　　ニ リサイクル設計

【解説】 最初に生産性について定義しておきます。

[生産性＝得られた成果／投資資源]

得られた成果が多いほど、投資資源が少ないほど生産性が高いといえます。

イ 生産性向上設計
製品に使用する素材・部品を可能な限り少なく抑えかつ、得られる成果を最大にすることを目指す設計のことです。

ロ 省資源設計
製品のコンパクト化、部品点数の削減などに取り組むことで投資資源を最小限に抑える設計のことです。生産性向上設計の一部であり、環境配慮にも効果のある設計です。

ハ 本質安全設計
リスク低減が目的の設計です。リスクとは人や環境に悪い影響を与える危険性のことをいいます。リスク低減が目的ですので必ずしも生産性向上にも効果があるとはいえません。

ニ リサイクル設計
製品が寿命を終えた際に、回収・分解し再度原材料としてあるいはエネルギー源として利用できるような仕組みを作ることです。
廃棄物を再利用することで投資資源の最小化による生産性向上を目指します。

よって解答はハになります。

メモメモ　**設計の優先順位について補足します。**

第1章で見たように安全性は最優先であり、次に環境性／信頼性／コストが続きます。
つまり選択肢の中では有害性排除設計をまず確認し、リサイクル設計・省資源設計・生産性向上設計の内容を信頼性や耐久性とともに検討していくことになります。

MEMO

実務における課題と問題

課題　「比較表を作ったか？」と上司からブレーキ材料の選定理由がわかるように材料の比較表を作成するように指示があった。

問題　ブレーキ材料として不適切なものは次のうちどれか？

解答選択欄

イ　アラミド繊維　　ロ　アスベスト
ハ　カーボンメタリック材　　ニ　メタリック材

【解説】 アスベスト（石綿）は過去にはボイラー暖房パイプの断熱材、自動車や回転機械（モータ類）のブレーキ、建築耐火材などに使われていた材料です。

アスベストは軽量で耐熱・耐火性、耐久性、防音性や絶縁性などに優れかつローコストであり、かつては夢の材料と呼ばれ様々な場所で使用されていました。しかし1971年に特定化学物質等障害予防規則の制定がなされ、1972年には国際がん研究機関によりアスベストの発がん性が指摘されました。その後の主な規制の流れは次の通りです。

・1975年9月に吹き付けアスベストの使用が禁止された。
・2004年、石綿を1%以上含む製品の出荷が原則禁止された。
・2006年、同基準が0.1%以上へと改定されている。

現在ではアスベストの使用は禁止されています。

よって解答はロになります。

図面に石綿（せきめん）って書いてあるんですけど…

石綿はアスベストのことや！昔の機械にはブレーキとか保温とか絶縁とか結構いろいろと使われとるんやで！

Column　アスベストの処理

40年以上前に製作された設備の撤去解体を行ったとき、ワイヤーを巻取る機械のブレーキ材にアスベストが使用されていました。

アスベストの除去作業はレベルが3つ設定されており、レベルに応じた事前申請が必要になります。

レベル1　発塵性が非常に高い
　アスベスト吹付材の撤去が対象。主に耐火建築物や立体駐車場、体育館の天井や壁に使われていることが多い。
レベル2　発塵性が高い
　アスベスト含有の保温材、耐火被覆材、断熱材などが対象となる。
レベル3　発塵性が比較的低い
　アスベスト含有の成形板、床タイルなどが対象となる。
　アスベスト含有の成形材の代表的なものとしてブレーキ材がある。

各レベルともに作業に当たっては、石綿則や産廃物処理則などで義務付けられた事項を守る必要があります。主なものは次の通り。

・調査の実施や結果の保管、計画の作成など事前の手続き
・特別教育の実施や石綿作業責任者の選任など、作業員の健康を守るための事項。
・立ち入り禁止の掲示や石綿含有建材の湿潤化など、飛散防止対策のための事項。
・廃棄物処理方法など、廃棄物の適正処理に関する事項。
・作業環境測定および、記録の40年保管など、記録に関する事項。

また、レベル1と2においては除去作業の前に届け出が必要となります。

(1)工事計画書（レベル1のみ）　：14日前までに所轄労働基準監督署長宛に提出する。
(2)特定粉じん排出等作業届出書：14日前までに都道府県知事宛に提出する。
(3)建築物解体等作業届出書　　：作業前に所轄労働基準監督署長宛に提出する。

実務における課題と問題

課題 「塩素はダイオキシン発生の原因や。塩ビ樹脂を使用してへんやんな？」と上司から指摘を受けた。

問題 「ダイオキシンの発生は物質ではなく燃焼条件に依存するため、塩ビを使用しても問題ないはずです」と回答した。これは正しいか？

解答選択欄 

【解説】ダイオキシンの構成元素には塩素・酸素・水素・炭素の4元素があります。このため塩ビ樹脂の燃焼がダイオキシン発生の原因であるとされた時期がありますが、燃焼でのダイオキシン発生は燃焼するものではなく、温度や圧力などの燃焼条件に依存し、800℃以上の高温で完全燃焼させることでその発生を抑制できることがわかっています。

なお空気中には微量ながら塩分が含まれているため、燃焼条件によっては燃焼物に塩素が含まれていなくとも、空気中の塩分からダイオキシンが生成されてしまいます。

よって解答は○になります。

Column　ダイオキシン問題

筆者がまだ高校生だった1995年12月、所沢市くぬぎ山の焼却場周辺において高い濃度のダイオキシンが検出されたことが大々的に報道されました。

1997年9月には所沢市の清掃工場がダイオキシン濃度などのデータ隠し問題を起こし、市当局が市民から厳しい追及を受けています。

その後1999年2月にテレビ朝日が、所沢の野菜はダイオキシンの濃度が高いとの報道を行いました。その結果、所沢産の野菜に対する不買運動がおこり社会問題となりました。

実際にはダイオキシンが検出されたのは煎茶であり、それも飲んでも健康に影響のない程度の濃度であったため、地元農家が風評被害として訂正を要求し、テレビ朝日側も誤りを認めて謝罪しています。

同時期の1997年12月には筆者の地元、京都において第3回気候変動枠組条約締約国会議が開かれました。先進諸国における温室効果ガスの削減率を定めた京都議定書が結ばれています。

1990年代後半から2000年代前半は、日本において最も環境問題への関心が高まった時期の1つといえますね。

なお、ダイオキシンは人工物としては人体に対して非常に強い発がん性を示します。

ゴミ焼却時などにおいて不完全燃焼を起こした際に、塩素・酸素・水素・炭素が反応して生成されます。火山活動や森林火災が発生した際にも生成されることがあります。

実務における課題と問題

課題 「製品をコンパクト化するのはええけど、電気的な絶縁は大丈夫やんな？」と上司から質問があった。

問題 絶縁体として選んではならない材料は次のうちどれか？

解答選択欄
イ　PCB　　ロ　SF_6ガス　　ハ　空気
ニ　エポキシ樹脂

【解説】 気体、液体、固体それぞれの主な絶縁体を列記します。

◆気体

・空気、6フッ化硫黄（SF_6）ガス、水素ガスなど

◆液体

・JIS C 2320に絶縁油が種類Aとして7種類、種類Bとして6種類が規定されています。
鉱油、アルキルベンゼン、ポリブテンなど

◆固体

有機繊維質絶縁材料と無機固体絶縁材料の二つに大別されます。

・有機繊維質絶縁材料：エポキシ樹脂、塩化ビニル、合成ゴムなど
・無機固体絶縁材料　：セラミック、ガラス、雲母など

PCBは化学的な安定性や絶縁性、不燃性など優れた性質を示すため、かつては「夢の油」と呼ばれ絶縁体として多用されていました。

化学的に安定しているため当時は無毒と思われていましたが、徐々にその有害性が明らかになり、1975年にはPCB使用が禁止され、確実で適切な処理を行うことが求められています。

SF6ガスは温室効果が高く、その使用に当たり大気中への排出、放出、漏洩することを管理することが必要となります。2019年12月時点では、管理すれば使用できるため選んではならないとまではいえません。

よって解答はイになります。

メモメモ　SF_6ガスについて補足します。

SF_6ガスは優れた絶縁性を持つ気体で人体に対し安全であるため、1940年代から電気機器への適用が研究され、現在ではガス遮断機やガス開閉器などの電気機器に広く使用されています。

一方で赤外線を吸収して熱を外に逃がさない性質があり、温室効果が高いガスであることが認められ、1997年12月の地球温暖化防止京都会議（COP3）において温室効果ガス排出削減目標の対象ガスの1つとなりました。

2016年5月には地球温暖化対策の推進に関する法律が施行され、SF_6ガスを含む温室効果ガスを大気中に排出、放出、漏洩することを管理することが必要になりました。

温室効果ガス

1. 二酸化炭素（CO_2）
2. メタン（CH_4）
3. 一酸化二窒素（N_2O）
4. ハイドロフルオロカーボン（HFC）のうち政令で定めるもの
5. パーフルオロカーボン（PFC）のうち政令で定めるもの
6. 六フッ化硫黄（SF_6）
7. 三フッ化窒素（NF_3）

＊NF_3は京都議定書が結ばれた当初は温室効果ガスとして挙げられていませんでしたが、2011年の気候変動枠組条約第17回締約国会議（COP17）と京都議定書第7回締約国会合（CMP7）等において追加されました。

なお、ここでSF_6ガスの絶縁性能について記しておきます。

気体の絶縁性は気体の圧力によって変わりますが、圧力0.5MPaにおいてSF_6ガスは数十kV/mm程度となります。

SF_6で満たされた空間では1mmの隙間があれば数十kVの電圧がかかっても絶縁が保たれます。一方でそれ以上の電圧ではアーク（気体中の放電現象）が発生しショートすることになります。

N_2ガスやCO_2ガスの絶縁性能はSF_6と比べて半分程度です。つまりN_2ガスやCO_2ガスを採用した場合は、SF_6ガスを採用した場合にくらべて、単純にはスペースが倍ほど必要になります。

Column　絶縁設計

筆者が機械系の設計者としての経験を5年程積んだ頃に、250kV程度の高電圧仕様の製品を開発する部署へ設計応援に行きました。

そこで教わった空気中における絶縁破壊の目安は1,000Vで5㎜という数値でした。

厳密に絶縁要求を設計するための数値は「JIS C 1010（測定, 制御及び研究室用電気機器の安全性）」の中に、比較トラッキング指数[*1]による材料グループとその汚染度による分類で絶縁距離の2つの指標、空間距離と沿面距離が定められています。

空間距離とは下図に示すように導体間を遮るものがない場合、導体間の最小距離（A矢視図に太線で示した部分）をいいます。沿面距離とは導体間に絶縁体が置かれた場合の絶縁体の表面に沿った最小距離（B矢視図に太線で示した部分）をいいます。

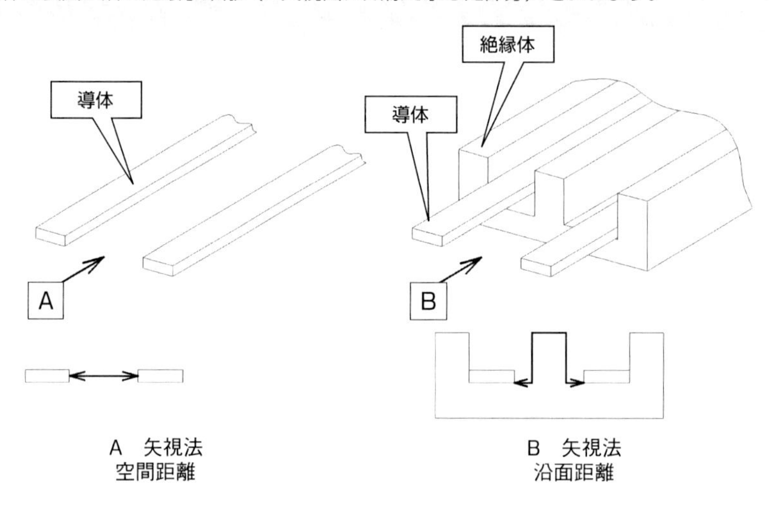

図4-2-1　空間距離と沿面距離のイメージ

*1 比較トラッキング指数（CTI : Comparative Tracking Index）とはJIS C 2134（固体絶縁材料の保証及び比較トラッキング指数の測定方法）に定める方法で測定した値のことです。

材料グループⅠ 600≦CTI 値
材料グループⅡ 400≦CTI 値<600
材料グループⅢa 175≦CTI 値<400
材料グループⅢb 100≦CTI 値<175

トラッキング指数が不明の場合は材料グループⅢb とみなします。

Column　絶縁設計(続)

表に材料グループⅢｂ汚染度1における沿面距離と空間距離を示します。これを見ると1,000Vでは3.2㎜以上の沿面距離（空間は1.92㎜程）が必要になります。

目安として教わった1,000Vで5㎜という数字は安全側であることがわかります。

表4-2-1 材料グループⅢb 汚染度1 における絶縁距離

直流または交流実効値	沿面距離
50V以下	0.18
100V以下	0.25
200V以下	0.42
400V以下	1
800V以下	2.4
1000V以下	3.2

直流または交流ピーク値	空間距離
70V以下	0.12
140V以下	0.13
210V以下	0.16
420V以下	0.39
840V以下	1.01
1400V以下	1.92

JI C 1010-1より一部抜粋

実務における課題と問題

課題　「フロンは使えへんで！」とオゾン層破壊の原因物質でありすでに全廃されているあるいは全廃予定のフロンの使用を避け、冷媒には他の物質を選定するように上司から指摘を受けた。

問題　オゾン層破壊の原因となる物質を次の中から2つ選べ。

解答選択欄　イ　CFC　ロ　HCFC　ハ　PFC　ニ　HFC

【解説】

イ　かつてはフロンといえばCFC（クロロフルオロカーボンズ）が使用されていましたが、オゾン層を破壊することがわかりその生産が規制され、すでに全廃となりました。

ロ　このため、オゾン層への影響が比較的少ないHCFC（ハイドロクロロフルオロカーボンズ）の使用が増加しました。
しかしCFCほどではないにしろ、HCFCにもオゾン層破壊効果が見られその生産が規制されました。2020年に生産全廃となる予定です。

ハ　次の代替フロンとしてHFC（ハイドロフルオロカーボンズ）や半導体洗浄など一部の業界ではPFC（パーフルオロカーボン）が使用されるようになりました。

ニ　HFCは塩素を持たないため、オゾン層を破壊しません。しかし強力な温室効果ガスのため、2016年にモントリオール議定書の改訂がなされ（キガリ改正）、その生産および消費量の段階的削減義務が定められました。

よって解答はイとロになります。

メモメモ　フロン類について補足します。

フロン類とは単体の物質を指すわけではなく、クロロフルオロカーボン（CFC）などと称されるフッ素を含む炭化水素全般をいいます。家庭用電気冷蔵庫の冷媒、カーエアコン、半導体の洗浄剤、ヘアー・スプレイなどの噴霧材として使われてきました。

オゾン層を破壊するフロン類としてはCFCとHCFCがあります。これらはオゾン層保護のためのモントリオール議定書を受けて作られた「オゾン層保護法（1988年）」に基づき製造・輸入に関して規制されています。

CFCは2005年までに生産及び消費ともに全廃され、HCFCは2020年までに生産停止とされています。

HFCはオゾン層を破壊しないフロン類です。ただし強力な温室効果ガスです。CO_2の温室効果を1としたときの係数である地球温暖化係数は数百から1万程度になります。このため2016年にルワンダ・キガリで開催されたモントリオール議定書第28回締約国会合（MOP28）においてHFCの生産および消費量の段階的削減義務を定める改正が行われました（キガリ改正）。

また、HFC、PFCやSF_6ガス、NF_3は高い温室効果が認められるため、京都議定書において削減目標が定められています。

＊NF_3は当初、温室効果ガスとして挙げられていませんでしたが、2011年の気候変動枠組条約第17回締約国会議（COP17）などにおいて追加されました。

表4-2-2 フロン類一覧

フロン種類		地球温暖化係数*	性質	用途
オゾン層を破壊するフロン類	CFC HCFC	数千から1万程度	塩素を含むオゾン層破壊物質。また、強力な温室効果ガス。モントリオール議定書で生産や消費が規制されている。	スプレー、エアコン冷蔵庫などの冷媒半導体洗浄など
オゾン層を破壊しないフロン類	HFC	数百から1万程度	塩素を含有しないためオゾン層を破壊しないフロン。ただし、強力な温室効果がある。	スプレー、エアコン冷蔵庫などの冷媒半導体洗浄など
	PFC	数千から1万程度		半導体洗浄など
	SF_6	22,800		電気機器の絶縁など
	NF_3	17,400		半導体洗浄など

＊地球温暖化係数：CO_2の温室効果を1としたときの係数

ステップ1　設計者の取り組みについて学ぼう！

◆CSR調達の動きが広がっており、環境配慮をした設計でないと選ばれない時代です。

◆長寿命化や省資源化、リサイクルしやすい設計など環境配慮の設計を行うよう、資源有効利用促進法で定められています。

ステップ2　環境に影響を及ぼす材料について学ぼう！

◆ダイオキシンの発生は焼却ごみの材質よりも燃焼条件の影響が大きいです。

◆アスベストやPCBはかつて夢の材料と呼ばれ重宝されましたが、健康被害が確認されており、その製造・使用が禁止されています。

◆オゾン層破壊の原因となるフロン類は使用が規制されています。オゾン層を破壊しない代替フロンも強力な温室効果が認められており、その使用を規制する動きがあります。

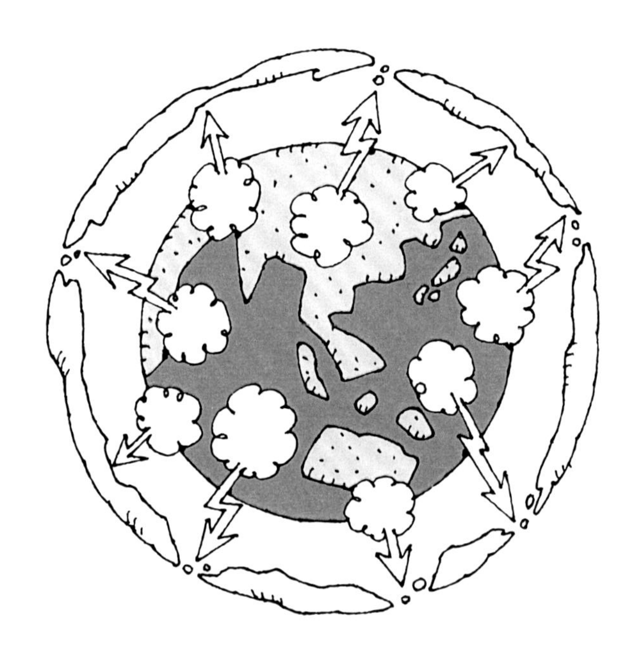

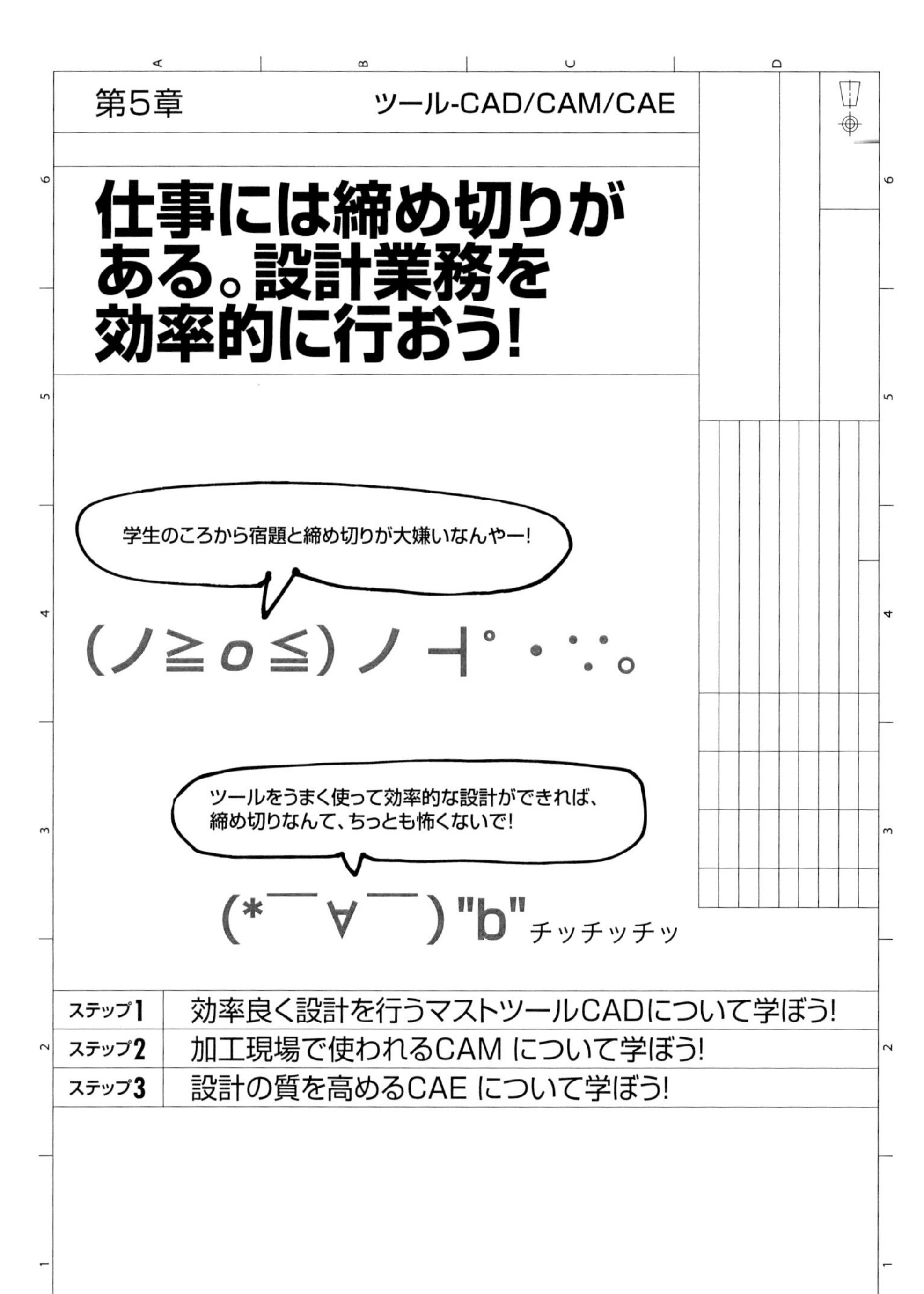

第5章
ツール-CAD/CAM/CAE
仕事には締め切りがある。設計業務を効率的に行おう!
学生のころから宿題と締め切りが大嫌いなんやー!
(ノ≧o≦)ノ ┫゜・∵。
ツールをうまく使って効率的な設計ができれば、締め切りなんて、ちっとも怖くないで!
(*￣∀￣)"b" チッチッチッ
ステップ1 効率良く設計を行うマストツールCADについて学ぼう!
ステップ2 加工現場で使われるCAM について学ぼう!
ステップ3 設計の質を高めるCAE について学ぼう!

実務における課題と問題

課題　新人として配属された設計開発部署で、先輩から「まずはこれ。データ化しといて」と古い手書き図面をデータ化するように指示された。

問題　図面をデータ化するために使用するソフトとして適切なものは次のうちのどれか？

解答選択欄
イ　CAD（Computer Aided Design）
ロ　CAM（Computer Aided Manufacturing）
ハ　CAE（Computer Aided Engineering）
ニ　CFD（Computer Fluid Dynamics）

【解説】CAD、CAM、CAEはそれぞれJIS規格作図用語「JIS B 3401」に次のように定義されています。

イ　CAD
製品の形状、その他の属性データからなるモデルを、コンピュータの内部に作成し解析・処理することにしたがって進める設計。

ロ　CAM
コンピュータの内部に表現されたモデルに基づいて、生産に必要な各種情報を生成すること、及びそれに基づいて進める生産の形式。

ハ　CAE
CADの過程でコンピュータ内部に作成されたモデルを利用して、各種シミュレーション、技術解析など工学的な検討を行うこと。CADはコンピュータ上で設計モデルを作成するもの。CAMはコンピュータ上で生産・加工用データを作成するもの。CAEはコンピュータ上で各種シミュレーションを行うもの。

ニ　CFD
数値流体力学の略で特に流体と伝熱の解析を行うもの。広い意味でCAEの一種といえます。

よって解答はイになります。

メモメモ　**JISについて補足します。**

JIS“B”は一般機械の規格です。一方、JIS“Z”はそのほかの規格です。
「JIS Z 8114」では“CAD作図”とは「コンピュータの支援にしたがって，作図する行為」と定義されています。

Column　日本産業規格（JIS）について

JIS規格は産業標準化法に基づき制定される工業標準であり、日本の国家標準の1つです。その中に19の部門が定義されています。

※2019年7月1日より、JISは“日本工業規格”から“日本産業規格”へ、“工業標準化法”から“産業標準化法"へと名称が変更となりました。従来の対象であった工業品だけでなくマネージメント及びサービス分野などの規格も制定されるようになりました。

設計者の描く図面には根拠が必要です。
JISには設計根拠となりうる様々な基準が決められています。
例えばJIS G 3101「一般構造用圧延鋼材」には、化学成分による分類、機械的性質、形状と寸法の公差、などが書かれています。

設計中に強度計算をした結果、発生応力が132N/㎟だったときに、はたしてこの数値で問題ないのか？を判定するためには材料の機械的性質を知る必要があります。

そんなときにJISを確認してみましょう。
例えば上記JIS G 3101からSS400の機械強度を引用します。
・引張強度 400 N/mm^2
・降伏点 245 N/mm^2（厚み16 ㎜以下のとき）
実際の設計では、引張強度か降伏点かどちらを基準に用いるかを決め、さらに安全率を考慮して許容応力を決定します。

表5-1-1 JISの部門記号と部門

部門記号	部門
A	土木及び建築
B	一般機械
C	電子機器及び電気機械
D	自動車
E	鉄道
F	船舶
G	鉄鋼
H	非鉄金属
K	化学
L	繊維
M	鉱山
P	パルプ及び紙
Q	管理システム
R	窯業
S	日用品
T	医療安全用具
W	航空
X	情報処理
Z	その他

実務における課題と問題

課題	上司が設計の進捗確認のためデスクの隣にやってきた。モニタを覗き込みながら「作図補助線がジャマやなぁ。図面が見難いから消して」と指摘を受けた。
問題	しかたなしに作図補助線を削除したが、これは図面作成のうえで最も効率の良い方法といえるか？
解答選択欄	○　or　×

【解説】 作図をする際に、補助線を描くことで作図の作業効率が良くなることがあります。一方で補助線をそのまま詳細を確認しようとすると、見にくい図面になってしまいます。

このようなときは、多くの2次元CADに備わっているレイヤ機能を利用しましょう。

部品を作図するレイヤと補助線を描くためのレイヤを分けて作図します。レイヤごとに一時的に非表示にしたり、編集ができないようにしたり、印刷時には出力しないように設定することができます。

補助線専用のレイヤを作り、そのレイヤを一時的に非表示とすることで、見やすい図面を提供することができます。

モニタ上で詳細確認するたびに補助線を消したり描いたりしていては、効率が良いとはいえません。

よって解答は×になります。

メモメモ　作図における補助線の有用性について補足します。

チェーンコンベアの内部にストッパ機構を設ける際の作図を例に見ていきます。

ステップ1　レイヤ1にチェーンコンベア（チェンコン）を作図する。
ステップ2　レイヤ2にチェンコンの中心やパスラインなどの作図補助線を描く。
〈＊パスライン：コンベアの上面（＝搬送物の下面）〉
ステップ3　レイヤ1を非表示にしてレイヤ3にストッパ正面図を描き込んでいく。
ステップ4　レイヤ2に正面図と側面図、平面図との位置関係がわかる作図補助線を描く。
ステップ5　レイヤ3に側面図と平面図（三面図）を描く。
ステップ6　レイヤ1（チェンコン）を表示させて確認する。
ステップ7　レイヤ4に図枠を描き、レイヤ2（作図補助線）を非表示にする。

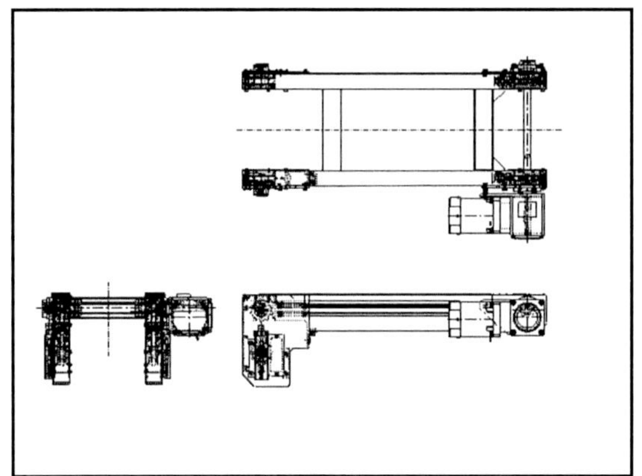

ステップ1　チェンコン作図

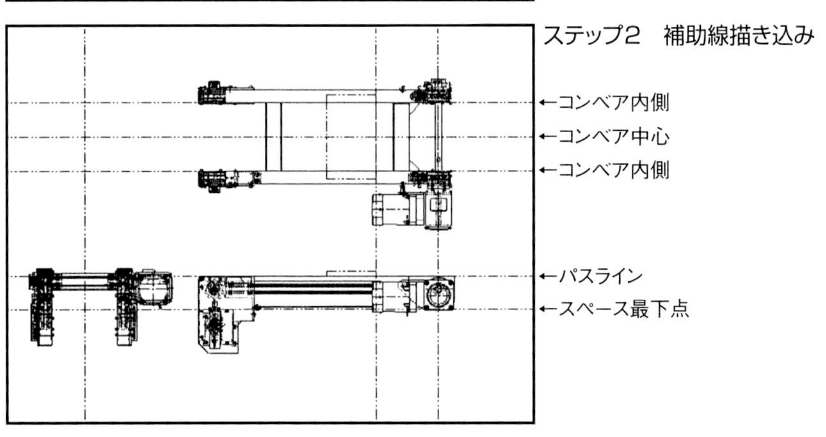

図5-1-1 ステップ1、2

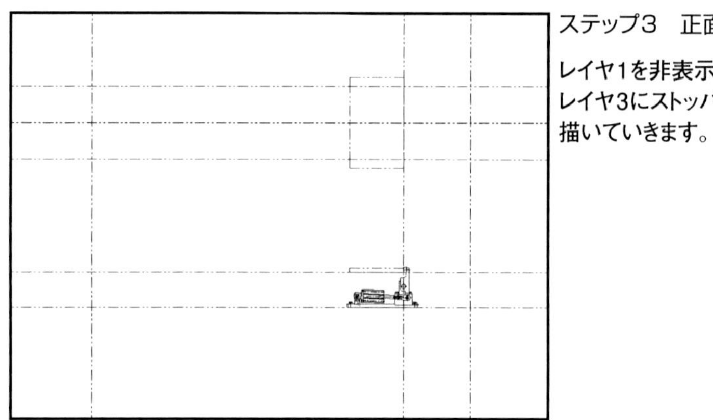

ステップ3　正面図作図

レイヤ1を非表示にして
レイヤ3にストッパの正面図を
描いていきます。

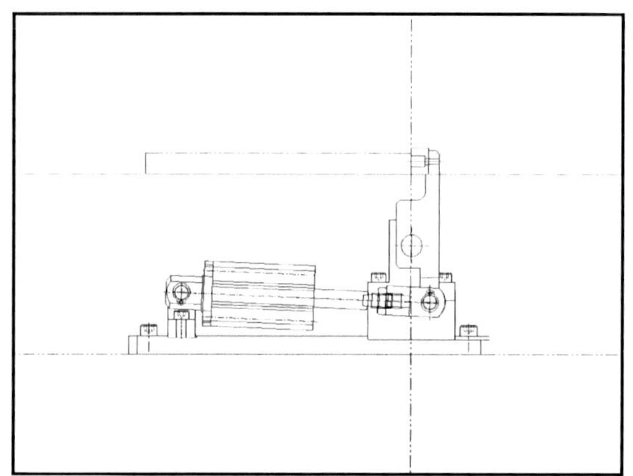

ステップ3の拡大

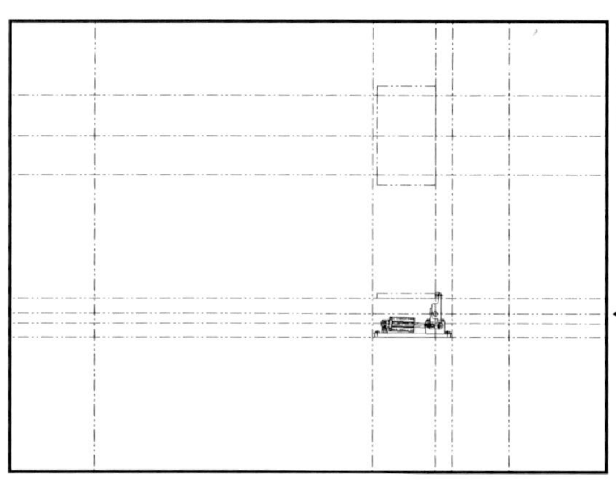

ステップ1　チェンコン作図

回転軸中心などの補助線を
追加していきます。

←ストッパ回転軸中心

図5-1-2 ステップ3、4

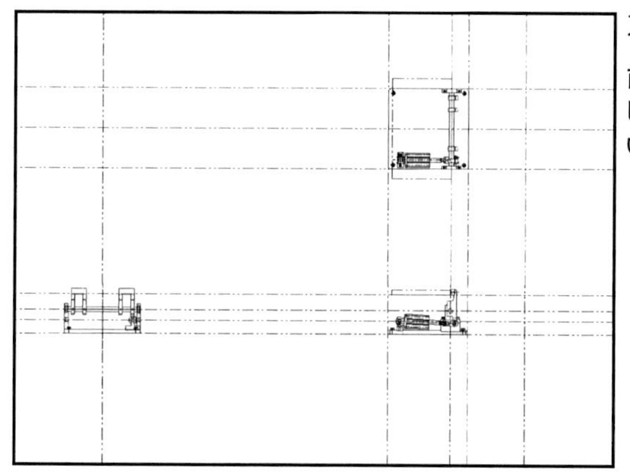

ステップ5　三面図の書き込み

前のステップの補助線を利用して、側面図平面図を描いていきます。

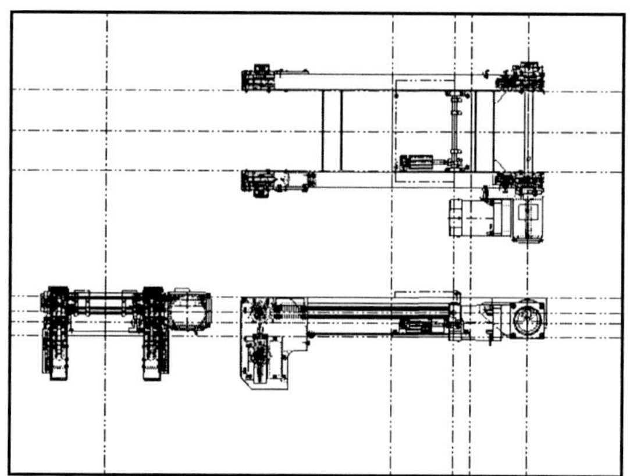

ステップ6　チェンコン表示

ストッパが描き終わったら非表示にしていたレイヤを表示します。

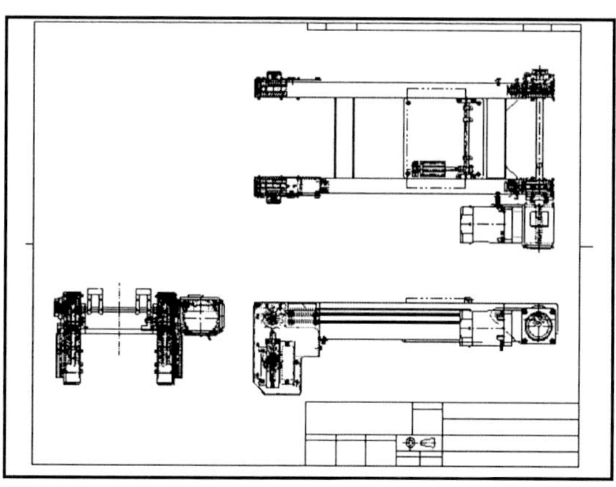

ステップ7　補助線非表示

補助線に描きこんだレイヤを非表示にします。

図5-1-3 ステップ5、6、7

実務における課題と問題

課題　組立図の検図を上司にお願いしたところ「左右対称にしたら組立ポカヨケになるんやで」と、なるべく部品を対称形状にするよう指摘を受けた。

問題　左右対称形状の作画あるいはモデリングの時間短縮を図るために選択すべきコマンドは次のうちどれが適切か？

解答選択欄		
	イ　オフセット	ロ　ミラー
	ハ　ストレッチ	ニ　トリミング

【解説】

◆オフセット　：直線、曲線、円などを指定した数値分ずらして新たに作成する機能のこと。
◆ミラー　：図形を指定した直線を基準にして鏡像を作成する機能のこと。
◆ストレッチ　：図形を指定した大きさに伸縮させる機能のこと。
◆トリミング　：図形を基準線（直線、曲線）までカットする機能のこと。

左右対称形状の作図をするとき、中心線と左半分（あるいは右半分）を描き、中心線を基準に鏡像を作成すれば完成します。

よって解答はロとなります。

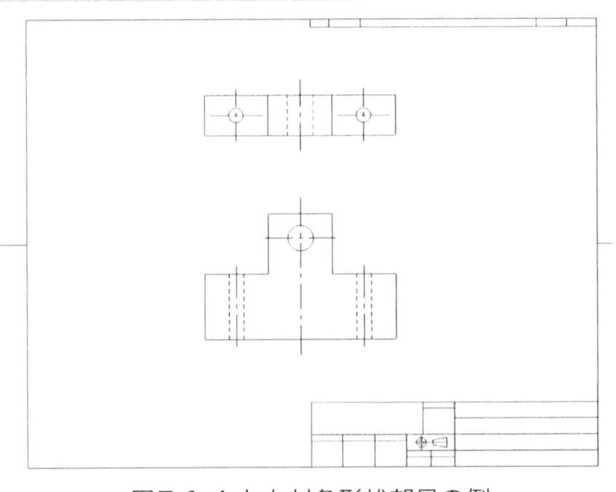

図5-1-4 左右対象形状部品の例

Column　効率の良いCAD操作

2 次元CAD を使った作図にはいくつか方法があります。（AutoCAD2019 の例を示します。）

① リボンにあるアイコンから実行したいコマンドを選択する方法
② 独立したツールバーを表示させてそのアイコンからコマンドを選択する方法
③ メニューバーからコマンドを選択する方法
④ コマンドを直接入力する方法（例えばAutoCAD で線を引くためのコマンドはLINE）

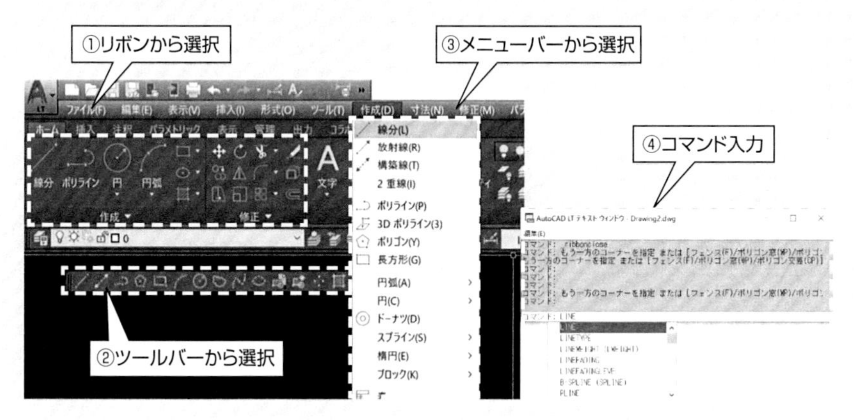

図5-1-5 AutoCADコマンド実行方法

設計者として3年目を迎えたころ、「もっと楽な方法はないだろうか？」と考えるようになりました。線を引くためにいちいちアイコンを選択するのが面倒くさくなってきたんですね。

多くのCAD にはショートカットキーあるいは短縮コマンドキーがあります。

ショートカットキーは「Ctrl ボタン」＋「いずれかのボタン」でコマンド実行ができるもので、例えば多くのソフトでは「Ctrl ボタン」＋「C」を押すと対象のコピーができます。

短縮コマンドキーとはその名の通り、コマンドキーを短縮したものです。例えばAutoCAD で線を引くためのコマンドキーは「LINE」です。LINE と入力後にエンターキー（あるいはスペースキー）を押すとコマンド入力が完了し、線を引くことができます。

LINE にはもともと短縮キーとして「L」が割り当てられています。つまりL⇒エンターキーの順で押すとコマンド入力が完了します。

ショートカットキーや短縮コマンドキーは多くのソフトで、割り当てをカスタマイズできます。使用頻度の高いコマンドを割り当てて利用することで作業効率が飛躍的にアップします。

Column　効率の良いCAD操作(続)

表5-1-2は筆者の短縮コマンドキー割り当てカスタマイズ例（AutoCAD2019 使用）です。

キーボードと照らし合わせてみるとわかりますが、ほとんどのキーは通常左手で操作するキーに割り当てています。

これにより、左手を大きく動かす必要がなく右手は常にマウスに置いたままで短縮コマンドキー入力によるコマンド選択が可能になります。

例えば線を引きたいときはF⇒スペースキーの順で押すとコマンド入力が完了します。

＊AutoCAD のデフォルトではL⇒エンターキー（あるいはL⇒スペースキー）

表5-1-2 コマンド割り当て

キー割り当て	コマンド
A	移動
C	コピー
CC	円
D	寸法
DA	角度
DD	直径
DR	半径
DS	寸法スタイル
E	削除
EE	テキスト
F	直線
FA	プロパティコピー
FF	面取り
H	ハッチング

キー割り当て	コマンド
J	結合
q	オブジェクトプロパティ
R	回転
RE	再描画
REC	長方形
RR	Rがけ
S	ストレッチ
SC	スケール
SS	スプライン
T	トリム
TT	マルチ引出線
V	鏡像
X	分解
z	ズーム

MEMO

実務における課題と問題

課題 上司から「君のモニタまぶしいなぁ！目が悪くなるし対策しとけよ」といわれた。

問題 いくつかの解決策を実施したが、次のうち対策として不適切なものはどれか？

解答選択欄

イ　ディスプレイ画面の位置、傾斜及び傾きの調整を行う。
ロ　ディスプレイに反射率の低いフィルタを取り付ける。
ハ　高輝度の照明を使用する。
ニ　照明器具を間接照明にする。

【解説】 不快なまぶしさ、あるいは極端な輝度の差による見えにくさのことをグレア（glare)、日本語では眩輝（げんき）や眩惑（げんわく）と呼びます。視線を中心として30°の範囲がグレアゾーンとされており、この範囲に輝度の高い光源があるとまぶしさを感じるとされています。

CAD作業環境にグレアがあると、目に著しい疲れを感じやすく作業効率も落ちてしまいます。

よって解答はハとなります。

図5-1-6 グレアゾーン

メモメモ **グレア対策について補足します。**

効率よいCAD作業のためにも作業環境を整えましょう。

グレア防止対策のポイント！
◆ディスプレイ画面の位置、前後の傾き、左右の向き等を調整させること。
◆反射防止型ディスプレイを用いること。
◆間接照明等のグレア防止用照明器具を用いること。
◆その他グレアを防止するための有効な措置を講じること。

（出典：厚労省「VDT作業における労働衛生管理のためのガイドラインについて」）

Column CADの背景色

筆者がCADを使い始めたころはCADの背景色の初期設定は白色が大半でした。白い紙の上に黒い鉛筆で図面を描くイメージを踏襲していたわけです。

しかしPC上で背景色が白では明るすぎてまぶしく、長時間の設計作業ではとても目が疲れました。そのため私だけではなく、多くの設計者が設定変更で背景色を白色から黒色に変えて使用していました。

今では多くの2次元CADソフトが初期設定で背景を黒くしていますが、そこには設計者の目をいたわる配慮があるわけです。

実務における課題と問題

課題　手書き図面のCAD化を終え、次にOJTとして開発プロジェクトに参加しヒストリーベースの3次元CADを使った設計を担当することとなった。先輩から「これをもとに設計したらええよ」と描きかけのモデルデータを渡された。

問題　受け取ったデータに修正を加える必要が出たため、最初からモデルを再構築した。これは効率の良い作業といえるだろうか？

解答選択欄　○　or　×

【解説】 3次元CADのモデリングには次の2タイプがあります。

・作業履歴を持つ　　　「ヒストリーベース」
・作業履歴を持たない　「ノンヒストリーベース」

ヒストリーベースは作業履歴を持つため、修正時には履歴をさかのぼって、例えば丸穴の直径寸法など、修正したい箇所を直接修正することができます。

設計途中で形状が変更になるような形状が未定のものをモデリングするにはヒストリーベースの3次元CADを使用した方が、修正作業がやりやすくなります。

一方でノンヒストリーベースは作業履歴を持たないため、履歴をさかのぼることができず、モデリングをやり直すことになります。

ノンヒストリーベースの3次元CADは、あらかじめ形状が決まっているもの、例えばボルトなどの機械要素をモデリングするときに使われることが多いです。

ヒストリーベースの3次元CADであれば、作業履歴をさかのぼっての編集が可能なので、修正に当たって最初からモデルを再構築するようなやり方は、効率が良いとはいえません。

よって解答は×になります。

メモメモ　ヒストリーベースとノンヒストリーベース

ヒストリーベースとノンヒストリーベースのメリット／デメリットについて補足します。
◆ヒストリーベース
（メリット）
作業の履歴がわかるため、モデル修正時にどこを変えればよいのかがわかりやすい。
履歴が保存されるためデータが重たくなる。

（デメリット）
部品同士の拘束条件が履歴にあるために意図せぬ編集をしてしまうことがある。例えば部品Aと部品Bに親子関係を持たせている場合（部品Aがケースで部品Bが内部の部品など）には、部品Aを消去すると部品Bも一緒に消去されてしまう。

◆ノンヒストリーベース
（メリット）
拘束条件などを気にせずモデリングができる。
履歴が保存されないためデータが軽い。

（デメリット）
履歴を持たないため修正時の確認作業が多くなる。
（影響箇所を全てチェックする必要がある。）

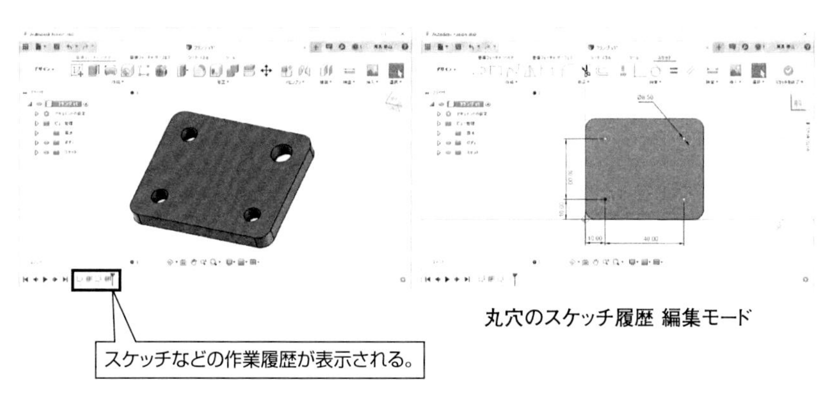

図5-1-7 ヒストリーベース3 次元CAD の例（Fusion360）

メモメモ　ヒストリーベースとノンヒストリーベース（続①）

片側段付きの軸をモデリングする作業を見ていきましょう。まずは軸のもととなる丸棒をモデリングしていきます。

ステップ1. 任意の平面を選択しスケッチを開始します。（ここではX-Y平面とします。）
ステップ2. 軸断面をスケッチします。
ステップ3. 押出機能を使い太径（φ20長さ120）を押し出します。
ステップ4. 段付き軸、太径部の完成です。

（次のページに続きます。）

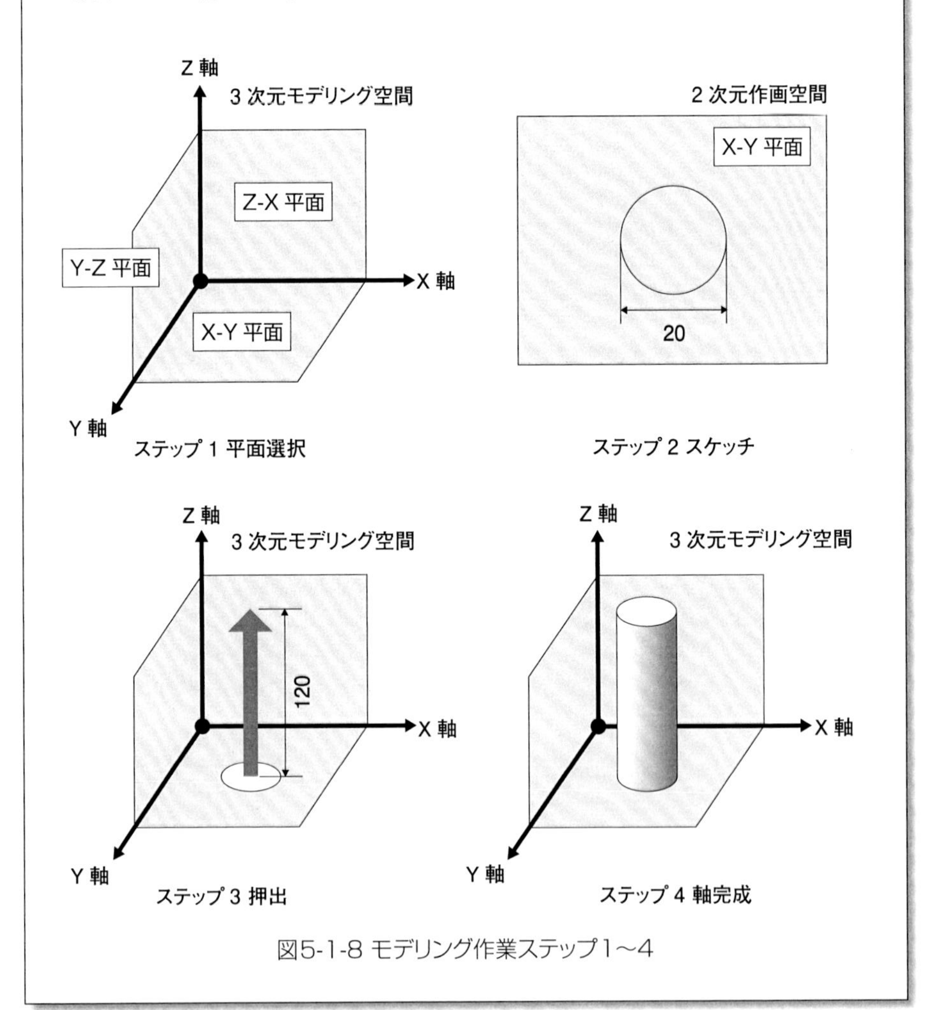

図5-1-8 モデリング作業ステップ1～4

メモメモ　ヒストリーベースとノンヒストリーベース(続②)

次に丸棒から不要な部分をカットして段付き軸をモデリングします。

ステップ5.段付き側の端面を選択してスケッチを開始します。
ステップ6.細径側の軸断面をスケッチします。
ステップ7.断面を押し出します。
ステップ8.段付き軸の完成です。

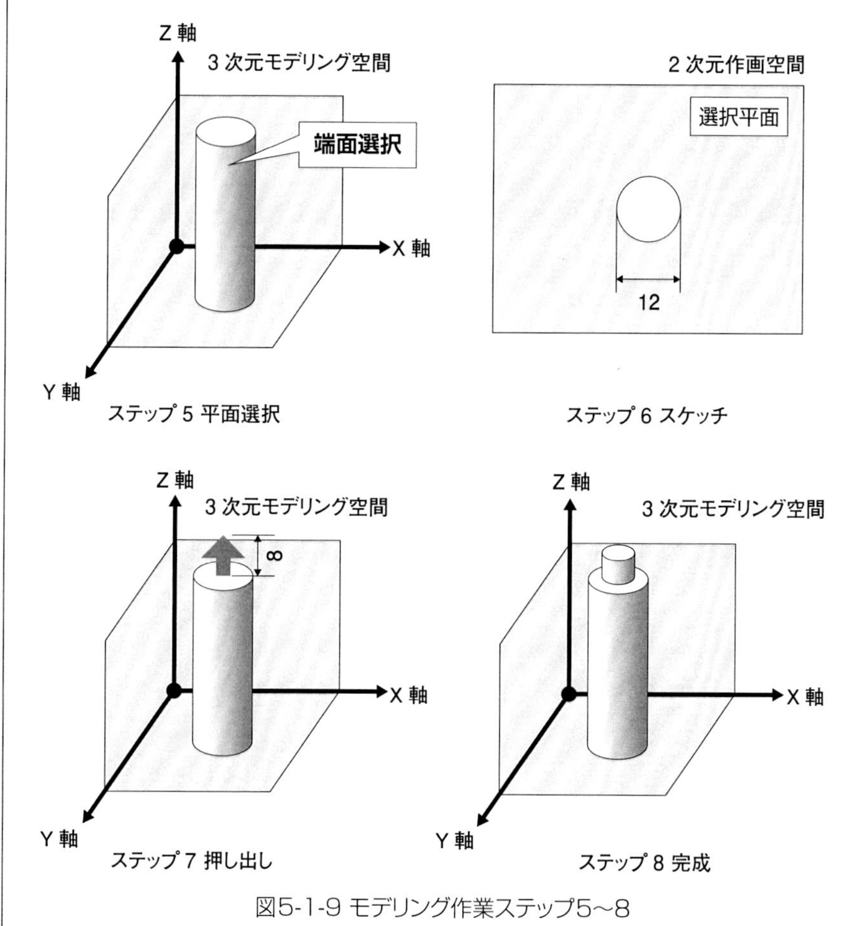

図5-1-9 モデリング作業ステップ5〜8

ヒストリーベースのCADでは上記の履歴が全て残っています。例えば太径部分の全長を変更するには、[ステップ3.押出]を編集すれば完了します。ノンヒストリーベースでは履歴が残っていないため、全長変更には最初からやり直す必要があります。

実務における課題と問題

課題　「ボルトサイズは全部統一せなあかんで！」とボルトサイズを見直すように上司から指摘された。

問題　最も効率の良い方法は次のうちどれか？

解答選択欄

イ　ヒストリーベースのCADなので、履歴から丸穴のスケッチを削除して描き直した。

ロ　簡単な形状なので、修正ではなく全て描き直した。

ハ　全て一般的なサイズのボルトのため、修正の手間を考えると必要性を感じずに修正しなかった。

ニ　スケッチの履歴から、丸穴の直径値を編集した。

【解説】 ヒストリーベースの3次元CADにはパラメトリック機能を持つものがあります。パラメトリック機能とは、CADで図面を編集する際に、寸法の値を編集することで図形が追随して編集される機能のことです。

パラメトリック機能を使えば穴あけの履歴を削除して描き直しをせずとも、穴の直径数値を直接編集することで簡単に修正ができます。

ところで本来、設計上の数値は全て意味があるものです。ただしときにはいくつかの選択肢があり、どれを選んでも目的が達成できる場合があります。

ボルトを使った締結の場合を考えます。ある部分AはM5×10のサイズが必要だけど、ある部分BはM4でもM5でも、長さは5～15の範囲で自由に選択をしても目的は達成できる場合があります。この場合、ある部分Bのボルトはある部分Aと同サイズのM5×10のサイズを選ぶことで、組立性や使用中のメンテナンス性が良くなります。

設計完了後にボルト1本1本を見直し修正することは手間ですが、製品として製造・使用を考えると必要な作業です。

よって解答はニになります。

作業履歴のないノンヒストリーベースではパラメトリックでの修正はできへんのか！？

パラメトリック機能は作業履歴の残るヒストリーベースでこそ有効な機能なんやで！！

メモメモ　パラメトリックによる修正作業について補足します。

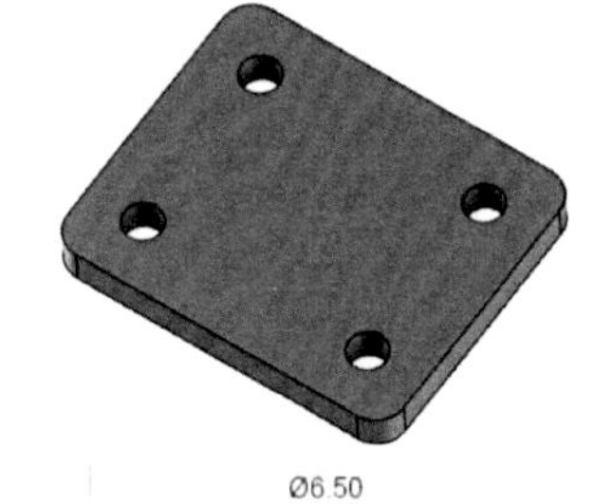

M6 ボルト用通し穴、φ6.5 を4か所指示したモデルを考えます。

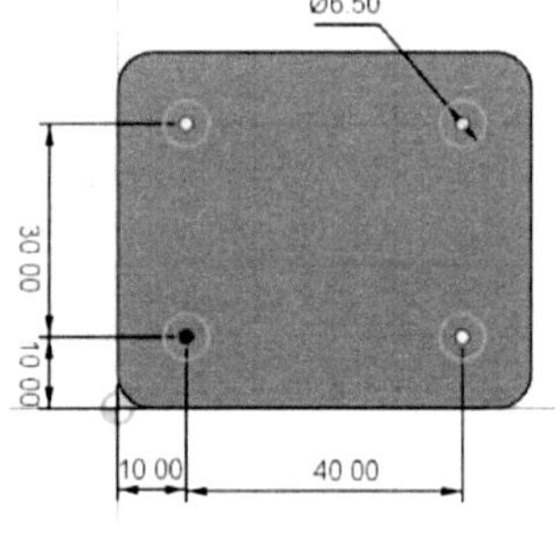

履歴からφ6.5 通し穴のスケッチを再編集します。

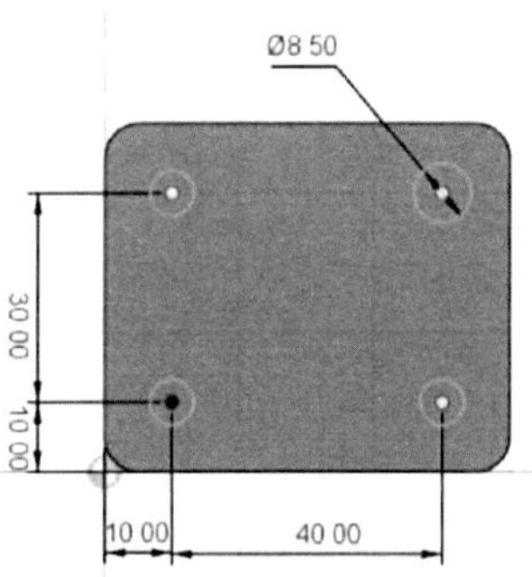

φ6.5 を変更したい数字（ここではφ8.5）に書き換えればモデルも追従して変更されます。

指定した穴径がφ8.5 に変更されます。

図5-1-10 パラメトリックでの修正作業

Column　パラメトリック機能の便利性①

筆者は2次元CADから始まり、5年目ごろから3次元CADを使って設計をしていました。

2次元CADはCAE2DやAutoCADなどを使い、いずれもパラメトリック機能はありませんでした。

軸などの長尺物を設計すると省略図を描くことがよくあります。通常CADであれば寸法値は自動入力されますが、省略部をまたぐ寸法値は手入力で修正します。

このような場合は手入力で寸法値を修正する必要があります。これが大変に曲者です。

設計業務を始めて2年目のころ、設計を進める中である部品の全体の寸法を変更することが多々ありました。このとき手入力で修正した寸法値を変更することを忘れてしまい、部品が組み立てられないという不良、設計ミスを繰り返してしまったことがあります。

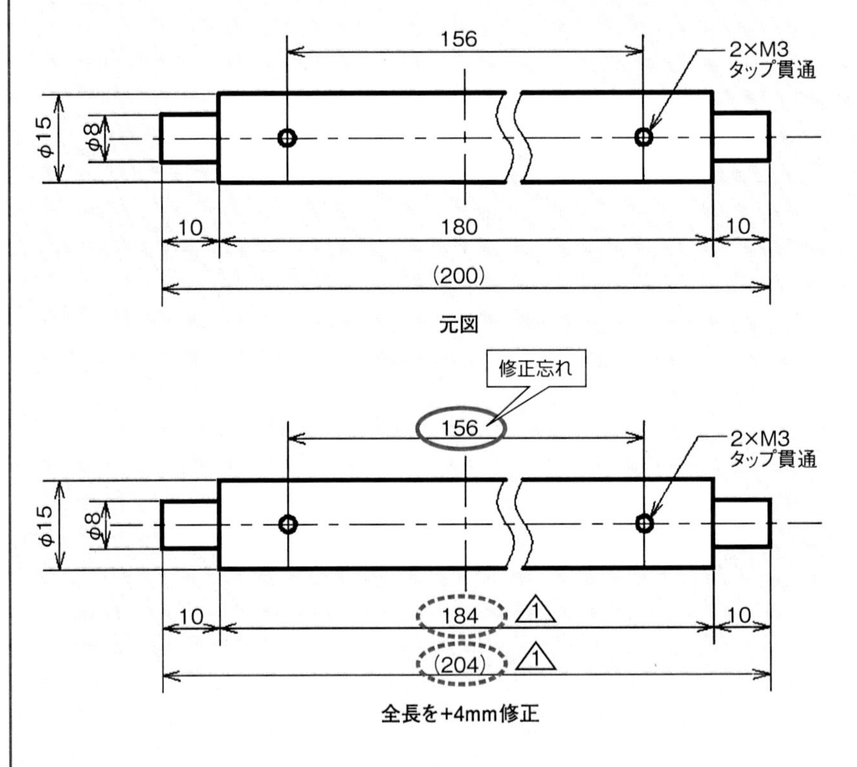

図5-1-11 寸法修正忘れの例

Column　パラメトリック機能の便利性②

筆者が仕事をはじめて5年目のころ、3次元CADであるPro/Engineer（現Creo Parametric）を本格的に使いはじめました。2次元との違いに戸惑いや感動を覚えたものですが、最も感動した機能の1つが部品干渉機能とパラメトリック機能です。この2つの機能を十分に活用すれば、設計ミスで部品が合わない！という不具合はなくせるぞ、と期待が高まったものです。

確かに部品の干渉／不干渉をしっかりチェックできるようになりましたが、いざ編集しようとすると、拘束条件の関係で思うように編集できないことや、予定外の部分が追従して編集されてしまうことも多々ありました。

つまり3次元CAD の使用により設計時の負荷は増えてしまったのです。とはいえ後工程での不具合が格段に減ったのでトータルとして負荷は減りました。

2 次元CAD をメインに使っている間は、起こしてしまった設計ミスを繰り返さないように、自分なりの図面チェックシートを作って活用していました。これは3次元CAD を使う際にも重宝しました。

表5-1-3 筆者が使用していた加工図面セルフチェックシート例（簡易版）

No.	チェック項目	チェック
1	なぜこの図面（部品）が必要か?	
2	JIS規格に合った材料を選んでいるか?	
3	材料、表面処理は使用の目的に合っているか?	
4	原点はどこか?	
5	加工手順を追ってみたか?（寸法重複、漏れ）	
6	工具は入るか?	
7	その寸法は計測可能か?	
8	寸法公差は適切か?	
9	表面仕上げは適切か?	
10	公差範囲内での組立干渉チェック済みか?	

実務における課題と問題

課題　先輩から配管系統図を渡されて「配管も3次元で描いといて！」と指示があった。

問題　図のような曲げ配管モデルを作成したいが、押出機能では曲がり部を表現することは困難である。曲がり部の作成のために有効な機能は次のうちどれか？

解答選択欄

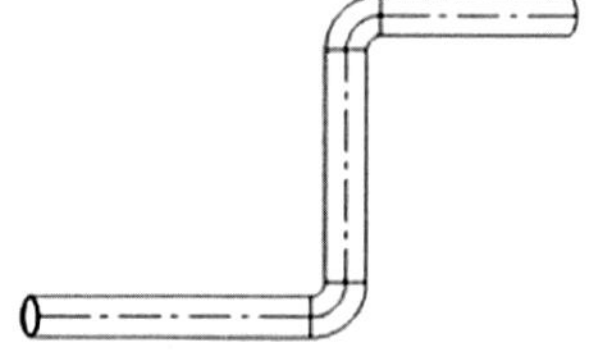

イ　スイープ
ロ　レンダリング
ハ　スケッチ
ニ　トリム

【解説】

イ　スイープ　　　：作画した断面を任意の曲線に沿って押し出す機能のことです。
ロ　レンダリング：物体の質感や光と影などを3次元CAD上で表現することです。
ハ　スケッチ　　　：任意の平面に断面形状を書くための機能のことです。
ニ　トリム　　　　：図形を基準線（直線、曲線）までカットする機能のことです

スイープ機能を使えば、曲がり部を持つ配管を簡単に作図できます。

よって解答はイになります。

押し出し、回転、スイープなど3 次元CAD のいろいろな機能を試すんや！
習うより慣れやで！

メモメモ　スイープ機能について補足します。

スイープ機能を使った曲がり配管の作図をするための手順を示します。

ステップ1. 任意の平面を選択しスケッチを開始します。（ここではY-Z平面とします。）
ステップ2. 任意の断面に配管断面をスケッチします。
ステップ3. 配管断面と直行する断面に配管経路（パスと呼ぶ）をスケッチします。
ステップ4. スイープ機能で断面とパスを指示します。
ステップ5. 指定した断面を基点にパス形状の配管モデルが完成します。

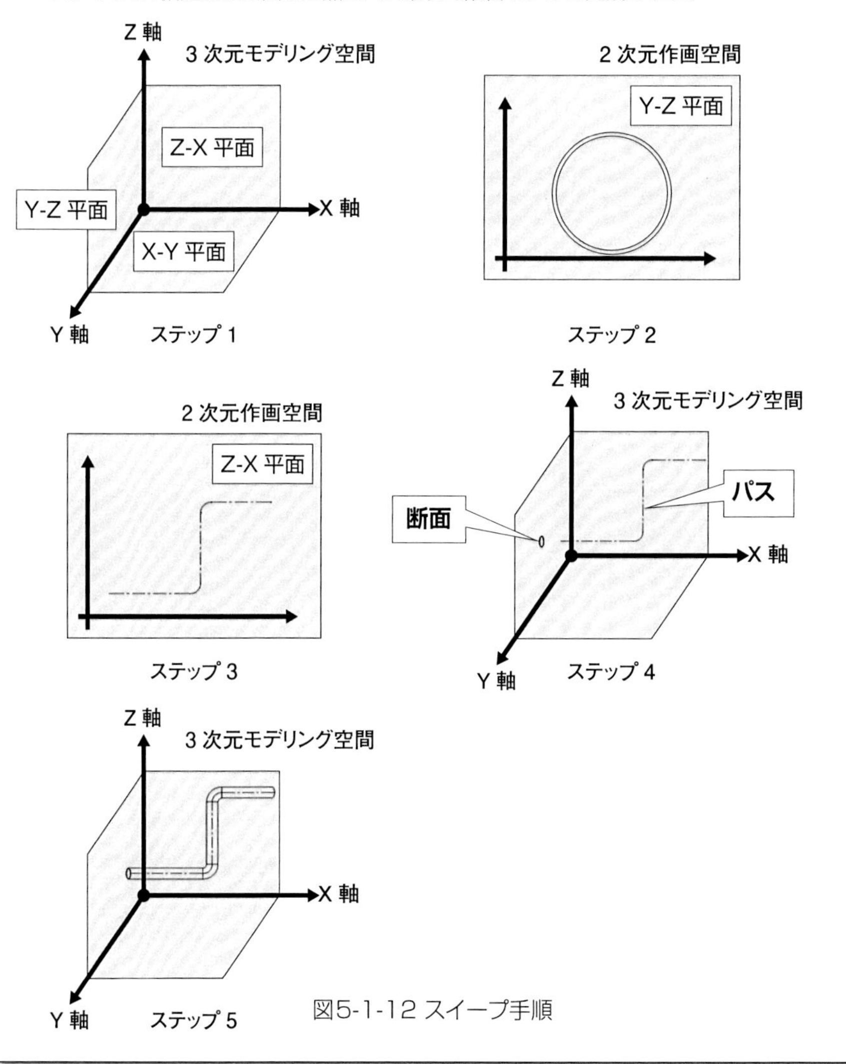

図5-1-12 スイープ手順

実務における課題と問題

課題　上司に3次元CADでロボットによる組立ラインのモデルを確認依頼したところ、第一声で「干渉確認した？」と指摘された。

問題　部品同士の干渉を確認するためには、作成する部品のモデルに次のうちのどれを選べばよいか？

解答選択欄		
	イ　ワイヤーフレームモデル	ロ　サーフェスモデル
	ハ　ソリッドモデル	ニ　クレイモデル

【解説】

イ　ワイヤーフレームモデル

点と線で形状を表現するモデル。針金を組合わせて作るイメージです。面積、体積の情報を持ちません。

ロ　サーフェスモデル

面の組合せで形状を表現するモデル。紙を組合わせて作るイメージです。曲面を含む面積の情報を持ちますが、体積情報を持ちません。

ハ　ソリッドモデル

中まで詰まったモデルです。面積情報と体積情報を持ちます。

ニ　クレイモデル

設計形状を確認し確定させるために作成する粘土で作る試作品のことです。3次元CAD上で干渉確認を正確に行うためには体積情報を有している必要があります。

よって解答はハとなります。

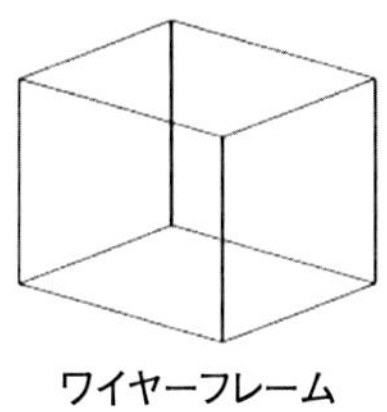

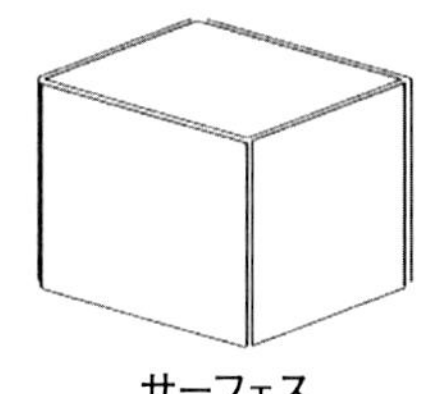

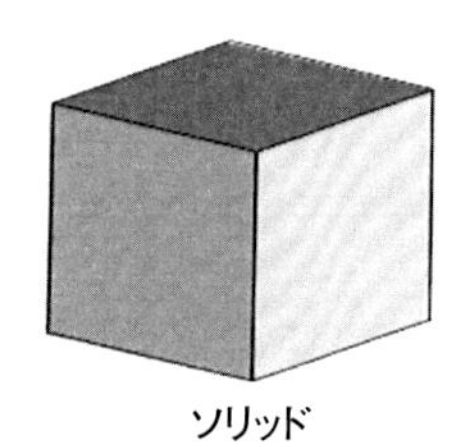

図5-1-13 各モデルのイメージ

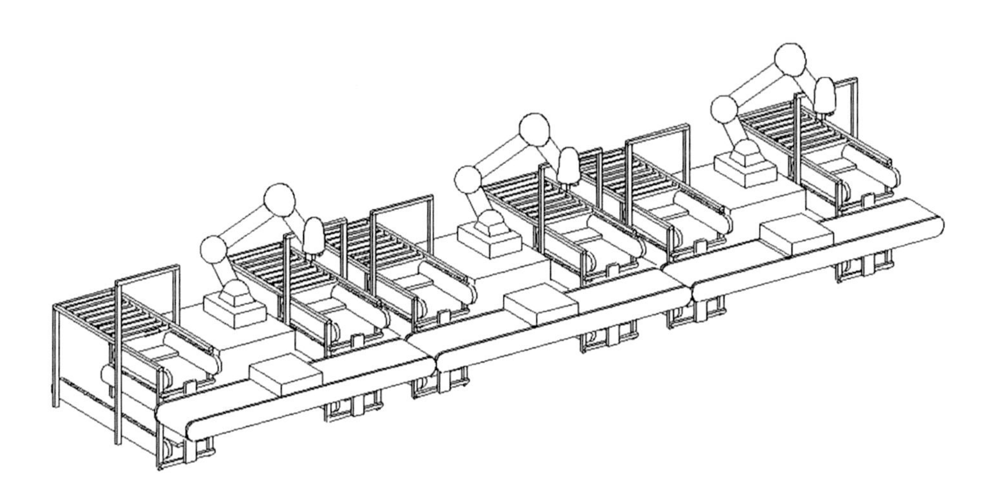

図5-1-14 ロボットによる組立ラインのイメージ

実務における課題と問題

課題 3次元CADで作成したワイヤーフレームモデルを上司に見てもらったところ、「隠れ線があるからモデルの方向がわからへん。見やすくしてや！」と指摘を受けた。

問題 隠れ線を表示しないようにする方法として最も効率の良いものは次のうちどれか？

解答選択欄

イ ソリッドモデルに変更して描き直した。
ロ 紙に印刷し不要な線を修正ペンで消した。
ハ 鳥瞰図での表示をやめて、隠れ線がなるべく少なくなる平面図で表示した。
ニ 隠線処理を施した。

【解説】 直方体の三次元形状を考えてみましょう。実際には隠れて見えない線（隠線：いんせんと読みます）まで表示してしまうと、物体がどちらの方向を向いているかがわからなくなることがあります。隠線を表示させなくすることで向きがわかるようになります。隠線を表示させない機能を隠線処理と呼びます。

つまり、ワイヤーフレームモデルにおいて隠線処理を行うことで隠れ線を非表示にできます。

解答イやハのようにソリッドモデルに変更や紙で出して修正しても、隠れ線を見えなくすることはできますが、効率的な方法とはいえません。

また解答ニのように見やすい面のみを見せたところで、せっかく3次元CADで作ったモデルですから他の面や鳥瞰図を見せるように要求されることはわかりきっています。

よって解答はニになります。

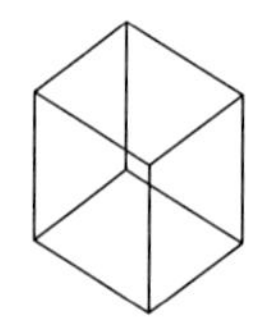

陰線処理のない
直方体3次元形状

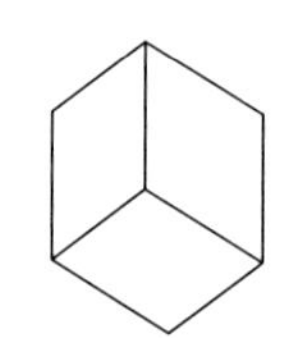

陰線処理のある
直方体3次元形状1

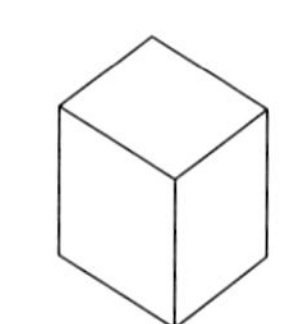

陰線処理のある
直方体3次元形状2

図5-1-15 ワイヤーフレームモデル

メモメモ　鳥瞰図について補足します。

鳥瞰図とは、空から斜めに見下ろしたように見える図のことです。

Column　ネッカーキューブ（錯視をおこす立方体）

2通りの見え方をしてしまうように描かれた立方体のことをネッカーキューブ（ネッカーの立方体）といいます。

1832年にスイスのルイス・アルバート・ネッカー氏により発見されました。

ネッカー氏は結晶学者であり、立法形の結晶構造を観察しているときに結晶の上下が反転することに気づきました。この結晶構造をスケッチして見直したところ、結晶が反転しているのではなく自分の視覚、つまり認識の方が変化していたことに気づきました。

下の図をよく見ていると、2通りの見え方ができることに気づきませんか？

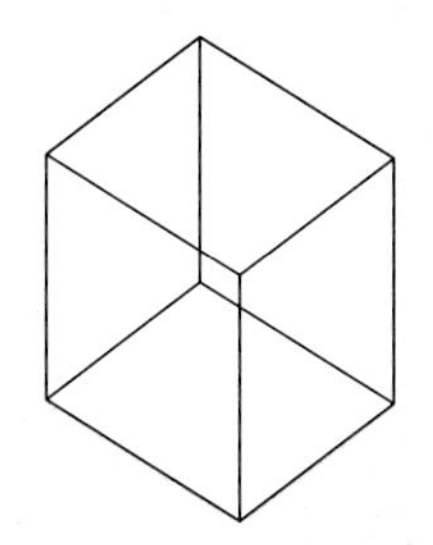

図5-1-16 ネッカーキューブ

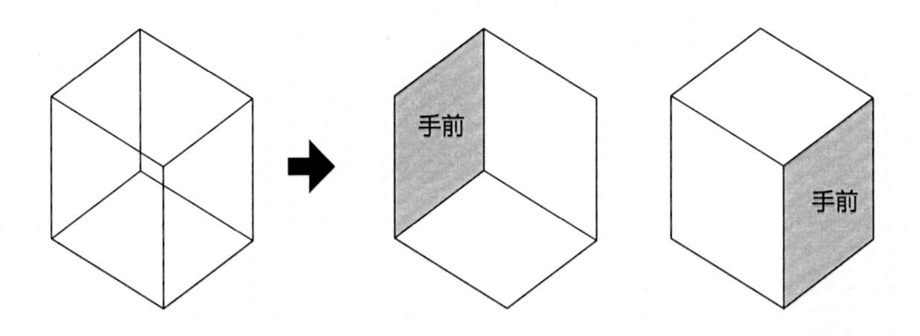

図5-1-17 ネッカーキューブ2つの見え方

実務における課題と問題

課題　1か月の現場研修でNC工作機械による加工を担当することとなった。先輩から「NC旋盤で扱う加工データを作成しとけよ！」と指示があった。

問題　効率良くNC加工データを作成するために必要な方法はどれか？2つ選べ。

解答選択欄

イ　加工機に直接手入力する。
ロ　3次元CADデータをモデリングする。
ハ　エクセルでデータ一覧表を作成する。
ニ　CAMデータを作成する。

【解説】 NCとはNumerical-Controlの略で数値制御を表します。人が直接機械に数値を入力するタイプと、コンピュータを介して入力するタイプがあります。特に後者をCNC（Computerized NC）といいます。コンピュータ上で、3次元CADなどで作られたデータからNC工作機械用の加工プログラムであるNCデータを作成するソフトウェアをCAM（Computer Aided Manufacturing）といいます。

NC工作機械はNCデータに従い加工を行います。

よって解答はロとニになります。

メモメモ　CAD／CAM／NC加工について補足します。

CADとCAMとNC加工機との関係性は次の通りです。

ステップ1　CADでは形状データ（モデル）を作成し、そのデータをCAMに送ります。
ステップ2　CAMでは工具の種類や回転速度、工具の逃がしなどの加工条件を設定します。
ステップ3　CAMで作成した設定データをNC加工機に送り加工を開始します。
＊CAM上では加工時の工具軌跡（ツールパス）を確認することができます。このとき、工具と材料との干渉確認を行うことができます。

3次元CADで形状作成

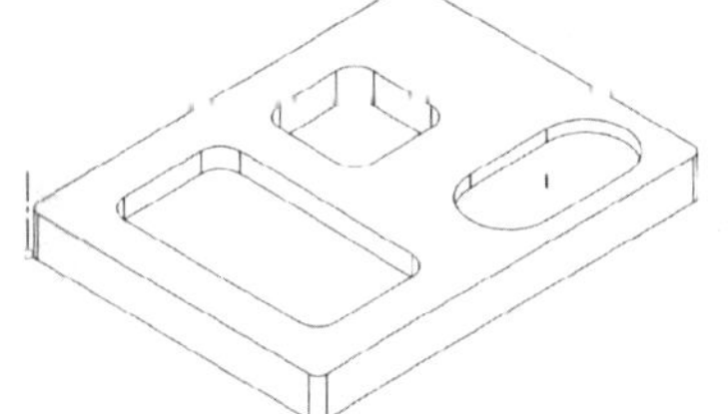

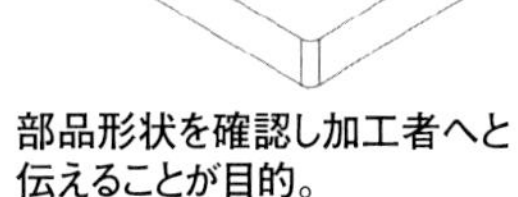

部品形状を確認し加工者へと
伝えることが目的。

CAMで加工条件設定

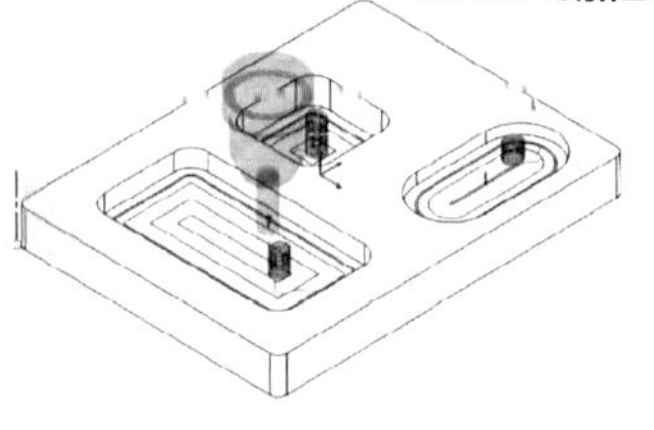

加工条件をデータ化しNC 加工機へと
データを送ることが目的。

図5-2-1 3 次元CAD とCAM の目的

メモメモ　CAM は設計者こそ使ってみるべきツールである。

CAMといえば加工現場で使用されるソフトとのイメージを持っていませんか？！

筆者が新人のころ、恥ずかしながら加工できない図面を描いてしまったことがありました。加工に関する知識不足が最たる原因ですが、CADではどんな形状も描けてしまううえに、加工に関するチェック機能がないことも失敗の原因といえます。

CAMを使えばパソコン上で加工をシミュレーションできるので、このような失敗を未然に防ぐことができます。

設計者の描く図面は、その意図が加工者に伝わり、加工・組立を行い、モノができて初めて価値が出ます。

加工そのものを学び設計時に自分の頭の中でシミュレーションすることも大切ですが、機会があればCAMを使ってパソコン上でシミュレーションしてみるのも良い学びになります。

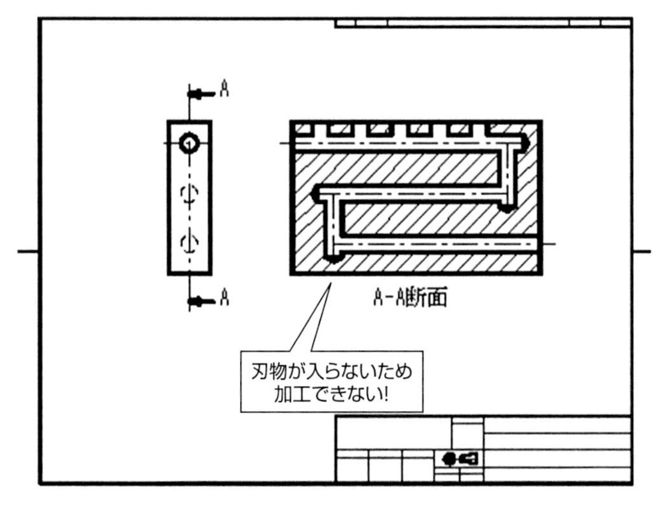

図5-2-2 加工できないマニホールド図

実務における課題と問題

課題　3次CADで作成したソリッドモデルデータを「CAMで扱えるデータに変換せなあかんで」と指摘を受けた。

問題　次の選択肢のうちどのファイル形式が受け渡しの中間ファイルとして適しているか？

解答選択欄

イ　STEPステップ
（Standard for the Exchange of Product model data）

ロ　IGESアイジーエス
（The Initial Graphics Exchange Specification）

ハ　DXFディーエックスエフ
（Drawing Exchange Format）

ニ　STLエスティーエル
（Standard Triangulated Language）

【解説】

イ　STEP
3次元形状を表現するためのファイル形式の1つ。
3次元ソリッドモデルデータを扱うための中間ファイルです。

ロ　IGES
3次元形状を表現するためのファイル形式の1つ。
3次元サーフェスモデルデータを扱うための中間ファイルです。

ハ　DXF
2次元形状を表現するためのファイル形式の1つ。
オートデスク社によって開発された2次元CADの中間ファイル形式です。

ニ　STL
3次元形状を表現するためのファイル形式の1つ。
主に3次元プリンタへのデータ受け渡しに使用されます。

ソリッドモデルを扱う中間ファイルとしてはSTEPが適しています。

よって解答はイになります。

Column　2次元CADの中間ファイル悲劇「尺度が合わないぞ!」

協力会社さんから部品のdxfファイルをいただきました。
自分のパソコンでファイルを開いて寸法の確認をしていきます。

『あれ？寸法合わないぞ？』
ここのボルト穴の直径はφ6.3のはずなのに、私のCADで寸法を確認するとφ3.2になるぞ？
M3用の穴？M6じゃないの？おかしいなぁ。

ソフトごとに縮尺の方式が異なるため、あるいはdxfへの変換⇒復元という仮定を経るために起こる現象です。
例えば、「お客様のソフトではモデルそのものを1/2のサイズにして作図し、dxf変換を行った。」
「私のcadで開いたときにモデルが元のサイズの1/2のサイズのままで復元された。」
このように推測されます。

さてここで、ほとんどのcadには任意に選択したオブジェクトの縮尺を変更するコマンドがあります。
＊オブジェクトとはcad上に書かれた「線」「円」「四角」あるいは「文字」や「寸法」などcadの作業画面上に表されているすべての“もの”のことです。

オブジェクトの縮尺変更についてAUTOCADで説明します。
AUTOCADには尺度変更(scale)というコマンドがあります。
① 縮尺を変更したいオブジェクトを全て選択する
② scaleコマンドを実行する（scaleと打ち込んでエンターキーを押せばOK）
③ 基点を選ぶ（カーソルを合わせて左クリック）
④ 尺度を数字で入力してエンターキーを押す

以上で完了です。

頂いたdxfファイルの縮尺が合っていないときは尺度変更コマンドで対応しましょう！

実務における課題と問題

課題 CAMから加工条件を工作機械に入力し穴あけ加工を行ったところ、「穴の表面がガタガタやぞ！どないすんねん！」と指摘があった。

問題 次のうち対策として不適切なものはどれか？

解答選択欄

イ　ドリル送り速度を遅くした。
ロ　刃物の突き出し長さを短くした。
ハ　穴直径を現場判断で変更して加工した。
ニ　ドリル刃先の研磨を依頼した。

【解説】

イ　ドリルの送り速度が速いと切粉が適切に排出されず、切削面の品質不良を起こすことがあります。この場合は送り速度を遅くすることで改善されます。

ロ　刃物の突き出し長さが長いと加工時に刃先が振動する、いわゆるビビりが発生し加工精度に影響を及ぼします。突き出し長さは可能な限り短くする必要があります。

ハ　穴直径は設計からの指示であるため、品質上の問題が出たからといって勝手に変更してよいものではありません。どうしても改善できなくて変更したい場合は、必ず設計者の承認を得る必要があります。

ニ　ドリル刃先が摩耗していると切れ味が鈍り、不良の原因となります。定期的なメンテナンス、研磨が必要です。

よって解答はハになります。

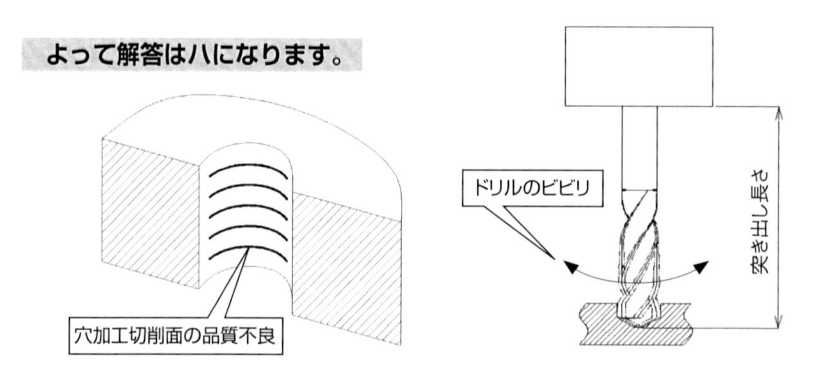

図5-2-3 加工不良とドリルのビビり

メモメモ　突き出し長さについて補足します。

溝の下面に丸穴を空ける場合を考えます。

図5-2-4のようにミーリングチャックと溝の角部との干渉を避けるために刃物突き出し長さを長くすると、加工中に工具がビビりやすくなってしまいます。この場合はテーパ状のミーリングチャックを使うと干渉を避けつつ刃物突き出し長さを短くできます。

干渉はCAMを使えば事前にコンピューター上で確認することができます。

＊ミーリングとは刃物を回転させて、対象物を切削する加工のことを言います。代表的な加工機としてはフライス盤、ボール盤があります。

反対に対象物を回転させて刃物をあてて切削する加工のことをターニングといいます。代表的な加工機としては旋盤があります。

ミーリングチャックとはミーリングにおいて刃物を固定する工具のことをいい、ホルダーともいいます。

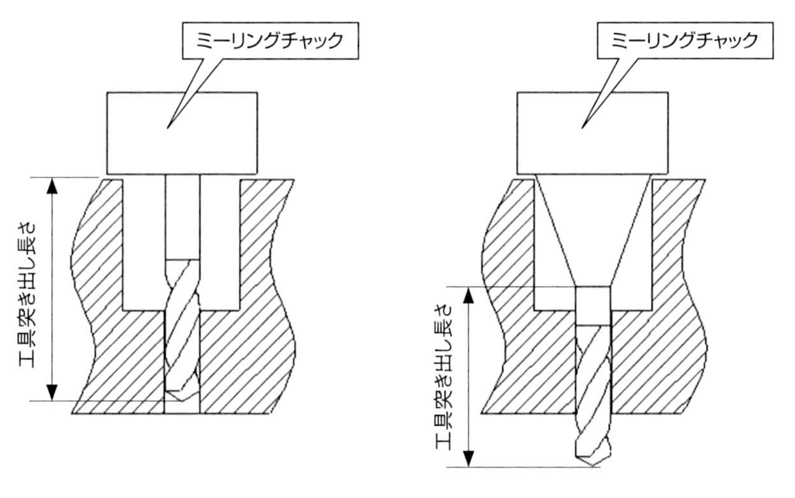

図5-2-4 ミーリングチャックイメージ図

メモメモ　CAM の操作について補足します。(Fusion360 の例)

Fusion360で刃物とホルダーを設定する際のインターフェイス例を**図5-2-5**に示します。
刃物とホルダーを選択し加工条件を設定すれば、加工時の刃物の動き（ツールパス）を確認できます。
刃物やホルダーはソフトをインストールした時点である程度そろっていますが、そこにないものは、自分で用意する必要があります。

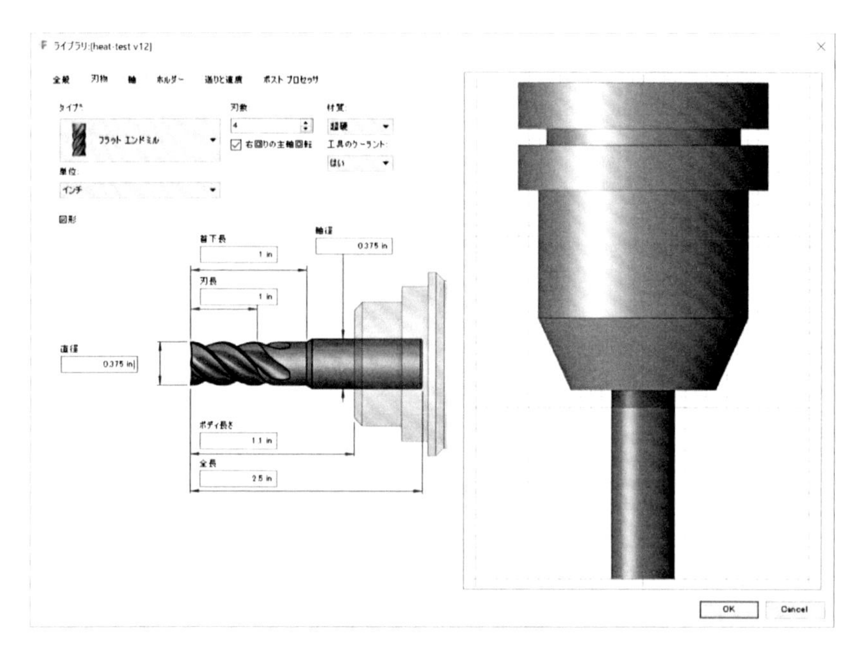

図5-2-5 Fusion360 インターフェイス

メモメモ　CAM のシミュレーションについて補足します。

3 次元CAD で作成したモデルに対し、CAM 上で加工方法を指定するとパソコン上で加工シミュレーションが行えます。

工具と加工箇所を指定すると工具の軌跡（ツールパス）が自動で生成されます。ツールパスは生成後、手動で変更する事も可能です。

シミュレーションを開始すると動画で工具の軌跡を確認することができます。

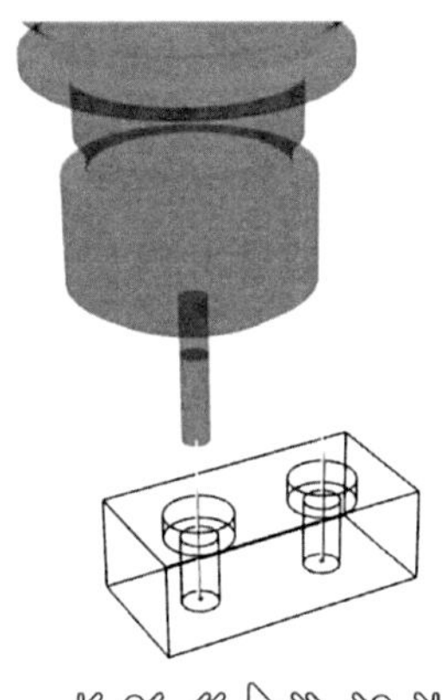

1.加工開始

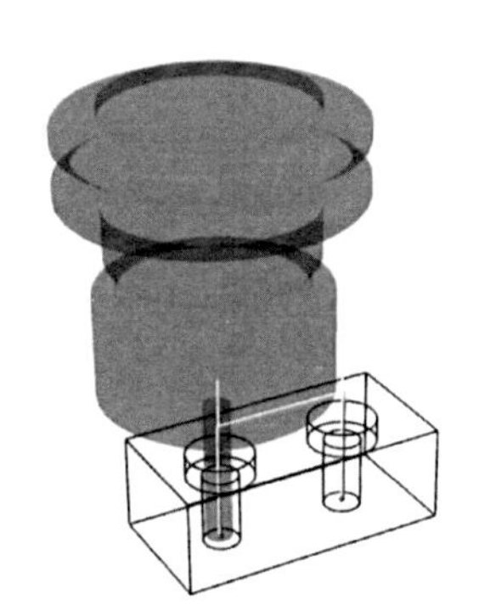

2.穴あけ最下点

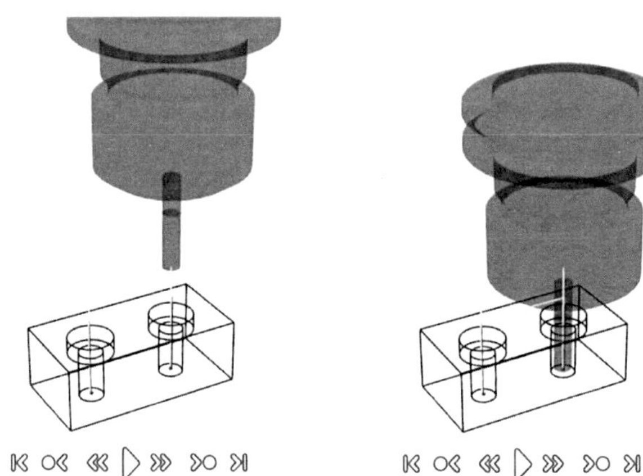

3.次の加工点へ移動

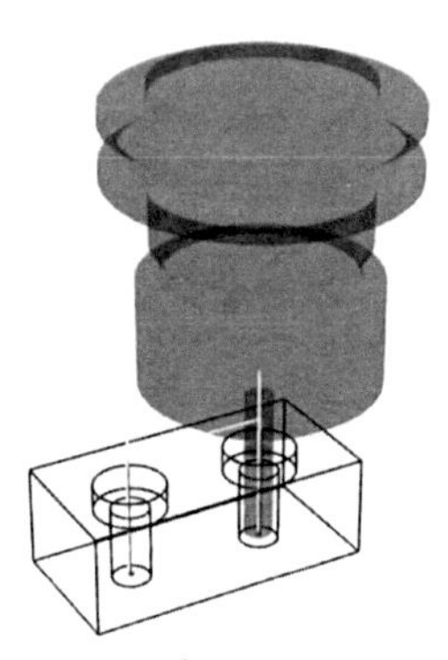

4.穴あけ最下点

図5-2-6 ツールパスシミュレーション

実務における課題と問題

課題　現場研修を終えて開発プロジェクトの一員として設計業務に従事することになり、材料強度最適化のための強度計算をCAE解析で行うことになった。上司からは「報告書に変な単位使ったらあかんでぇ！」といわれた。

問題　報告書に使用すべきでない単位は次のうちどれか？

解答選択欄

イ　長さ m（メートル）　　ロ　時間 s（秒）

ハ　力 kgf（キログラム重）　　ニ　質量 kg（キログラム）

【解説】 全ての解析にいえますが、単位を統一して計算すれば正しく結果を得ることができます。ところで国際的な単位系としてSI単位（International System of Units）があります。

SI単位のベースはMKS単位、すなわち長さの単位メートル（m）、質量の単位キログラム（kg）、時間の単位セコンド＝秒（s）になります。

昔の日本では力Fの単位にkgf（重量キログラム）が使用されていましたが、SI単位では力の単位はN（ニュートン）、つまり質量m（kg）に重力加速度g（m/s^2）を積算したものになります。

$F = m \times g$（$kg \cdot m/s^2$）

単に計算をするだけであれば、単位がそろってさえすれば正しく結果を得ることができます。しかし報告書としてまとめるのであればSI単位で統一する必要があります。

つまり力はkgfではなくNを使うべきです。

よって解答はハとなります。

メモメモ　単位系について補足します。

SI単位には7つの基本単位とそれらを組合わせた組立単位があります。問題文を例にとると、長さ（m）と質量（kg）、時間（s）が基本単位、それらを組み合わせた力（kg・m/s^2）は組立単位となります。

表5-3-1 7つの基本単位

	単位	表記	定義
長さ	メートル	m	真空中で1秒間の299792458分の1の時間に光が進む距離
質量	キログラム	kg	プランク定数が 6.62607015×10^{-34}ジュール秒で定まる質量
時間	秒	s	セシウム133原子の基底状態の2つの超微細構造準位間の遷移に対応する、放射の周期の9192631770倍に等しい時間
電流	アンペア	A	電気素量が1.602176634×10^{-19} クーロンで定まる電流
温度	ケルビン	K	ボルツマン定数が1.380649×10^{-23} ジュール毎ケルビンで定まる温度
物質量	モル	mol	6.02214076×10^{23}(アボガドロ定数)の要素粒子で構成された系の物質量
光度	カンデラ	cd	周波数 540テラヘルツの単色放射を放出し、所定の方向におけるその放射強度が 1/683ワット毎ステラジアンである光源のその方向における光度

実務における課題と問題

課題　熱応力（圧縮力）と曲げ応力のかかる丸棒のモデルを作成したところ「せっかく3次元モデル作ったんやし今日中に強度解析できるやんな」と上司から指示を受けた。

問題　計算時間を短縮するためにモデルを簡素化する要素として適切なものはどれか？

解答選択欄
イ　ビーム要素　　ロ　エッジ要素
ハ　シェル要素　　ニ　ソリッド要素

【解説】

イ　ビーム要素：モデル上は線のみ、計算上は指定した断面形状分の剛性を持つ要素のこと。
ロ　エッジ要素：エッジとは ふち、へりのこと。線で表される要素で、解析対象にならない。
ハ　シェル要素：モデル上は厚みゼロ、計算上は板厚分の剛性を持つ要素のこと。
ニ　ソリッド要素：3次元の立体形状をそのまま表現する要素のこと。

単純な丸棒は線としてモデル化して解析できます。

よって解答はイとなります。

メモメモ　**各計算モデルの要素について補足します。**

ソリッド要素を使っての解析が最もモデルの再現性が高くなりますが、その分計算量が増えて時間がかかります。そのため例えば丸棒の解析ではビーム要素（つまり単なる線）として、あるいは薄板の解析ではシェル要素（単なる面）として扱い、それぞれ断面形状、厚みを指定して解析を行うことで計算負荷を減らすことができ、計算時間を短くすることができます。

メモメモ　各計算モデルの要素について補足します。(続)

解析モデルには「ビーム要素」と「シェル要素」と「ソリッド要素」の3つがあります。それぞれの特徴を表5-3-2に示します。

表5-3-2 モデル要素の種類

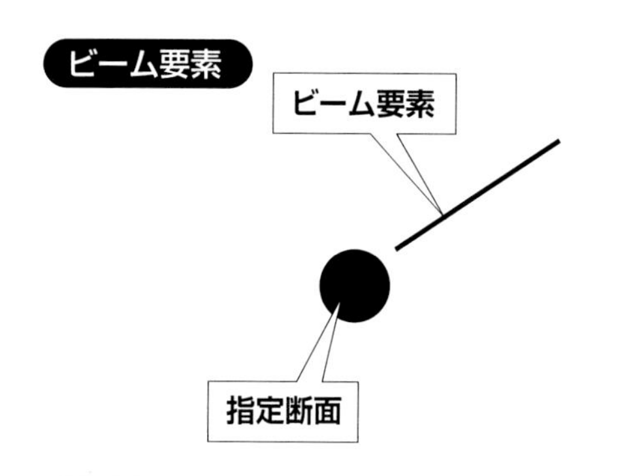

H形鋼やC形鋼で構成される鋼構造物や車や飛行機のフレームなどの応力や熱、熱応力解析で使われる。解析時にはH形鋼やC形鋼などの断面形状と長さをビーム要素として指定する。

シェル要素

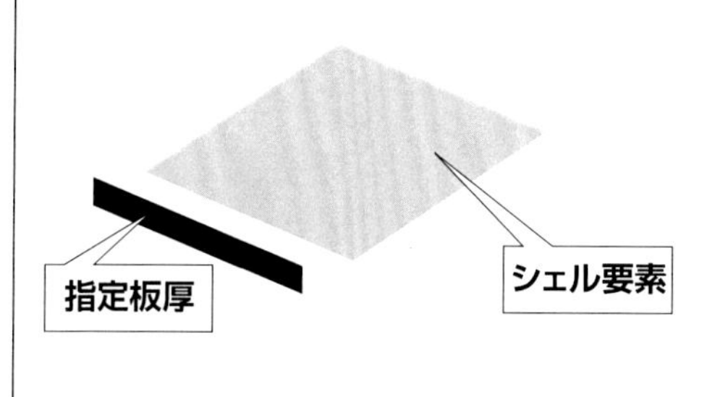

車や飛行機のボディなど薄板で構成された構造物の応力や熱、熱応力解析で利用される。解析時には板厚とその形状をシェル要素として指定する。

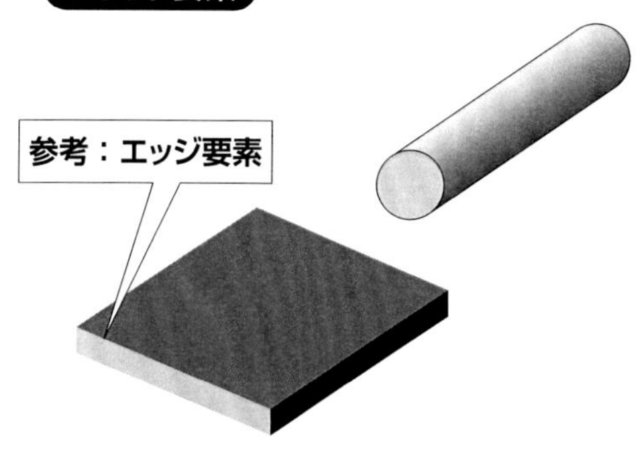

鋳造など肉厚の構造物の応力や熱、熱応力解析で利用される。解析時には特に指定することはなく、作成したソリッドモデルをそのまま解析に利用できる。

実務における課題と問題

課題 孔あき板のモデルをシェル要素として強度解析を行ったところ、「円孔がガタガタやけど精度は大丈夫なん？」と上司から解析方法を見直すよう指示があった。

問題 解析モデルの精度を上げるために要素のアスペクト比を大きくしたがこれは正しいか？

解答選択欄 ○ or ×

【解説】 メッシングとは有限要素法において、作図したモデルを有限の要素（メッシュ）に分割して数値解析を行うことです。要素の単位としては三角形や四角形あるいは三角錐や立方体などがあります。

解析精度は要素形状によっても大きく変わります。いびつな形状よりも“正”三角形や“正”四面体など一つ一つの要素が“正”に近い方が解析精度は高くなる傾向があります。そのためにアスペクト比はなるべく小さく（1：1）する必要があります。

よって解答は×となります。

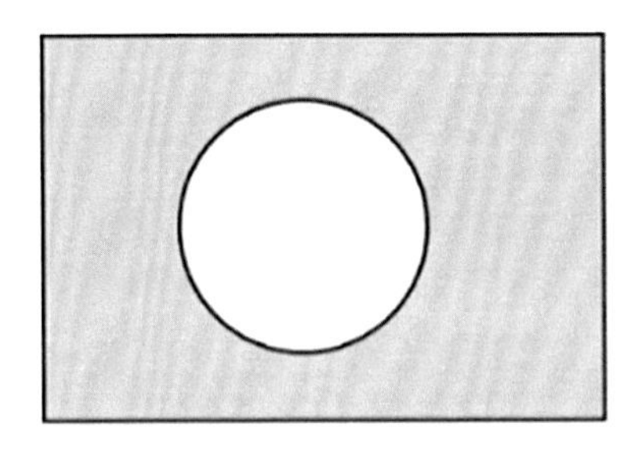
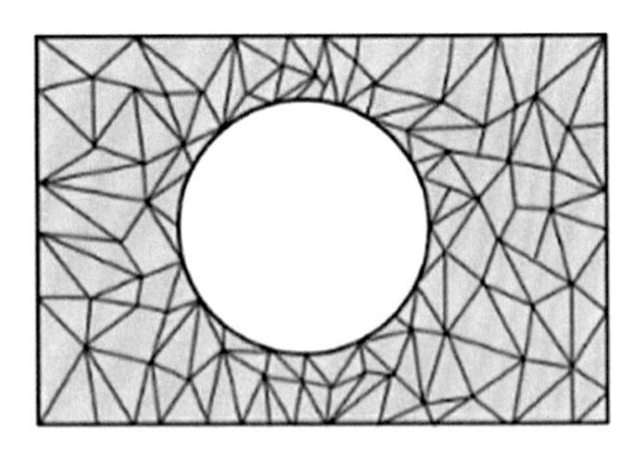

図5-3-1 丸穴のあいた板（シェル要素モデル）のメッシュ作成イメージ図

メモメモ　メッシュの種類について補足します。

解析モデルの種類に合わせてメッシュの種類も「ビーム」と「シェル」と「ソリッド」の3つがあります。それぞれの特徴を**表5-3-3**に示します。

表5-3-3 メッシュの種類

ビーム(1次元要素)

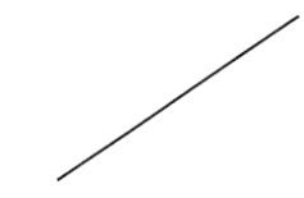

単純な直線の組合わせで計算モデルを構築する。
内部応力の確認はできないが、計算負荷は軽く、比較的短時間で計算が完了する。

シェル(2次元要素)

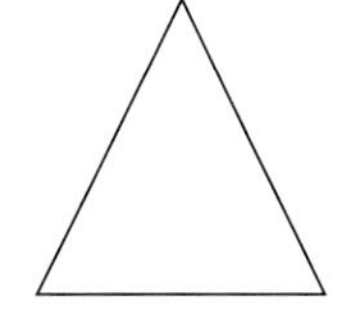

平坦な面や曲面を持つシェル要素モデルを三角形や四角形の組合せで構築する。
ビームと同様に内部応力の確認はできないが、計算負荷は軽く、比較的短時間で計算が完了する。

ソリッド(3次元要素)

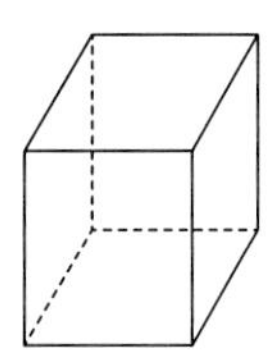

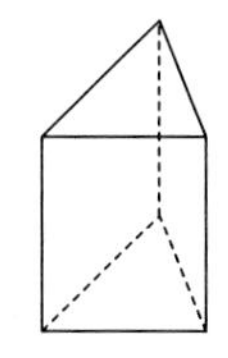

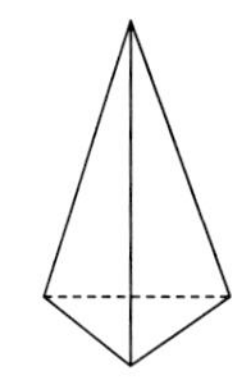

四角柱や三角柱、三角錐の組合せで解析モデルを構築する。
内部応力の確認が可能。その分、計算負荷が高く、比較的長時間の解析時間が必要となる。

Column　解析精度に影響する2つの因子

解析精度に影響する因子に「メッシュサイズ」と「アスペクト比」があります。

解析精度への影響とは、「解析精度が上がる」＝「より理論値に近づくこと」を意味します。

メッシュサイズやアスペクト比を小さくすると解析精度が上がる一方で、デメリットとして解析時間が長くなる傾向になります。

設計初期段階では精度よりも速度が求められる場合が多いため、あえてメッシュサイズやアスペクト比を大きくとることがあります。このとき得られる結果は定量的な評価ではなく定性的な評価として使用します。

強度解析の定性評価の利用法として、応力集中しやすい部位を特定して対策を取る、応力がほとんど発生しないような部位を特定して薄肉化し軽量化を図る、などがあります。

1. メッシュサイズ

メッシュサイズを小さくすればするほどメッシュの数が増えてモデルの近似精度が上がります。その結果として解析精度も上がります。**図5-3-2** を見るとメッシュサイズが小さいものに比べてメッシュサイズが大きいものの方が中心円の近似精度が悪くなっていることがわかります。

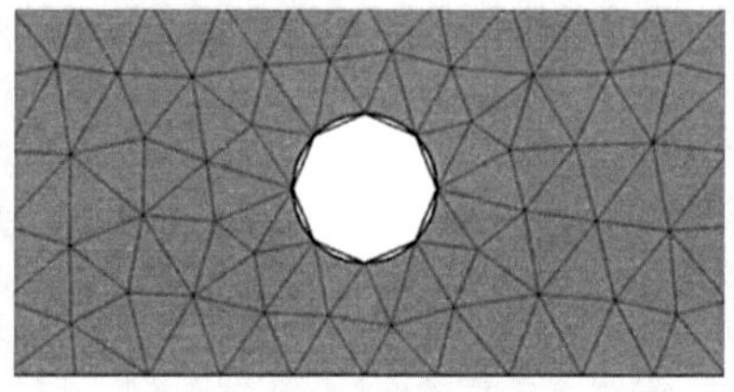

メッシュサイズ大

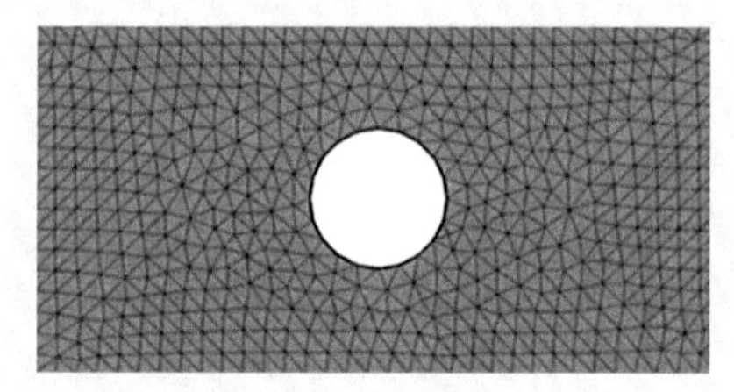

メッシュサイズ小

図5-3-2 メッシュサイズの違い

2. アスペクト比

アスペクト比とは要素の縦横の比率のことです。同一アスペクト比でも要素形状はさまざまな形状を取ることができますが、アスペクト比が大きいとメッシュの1 辺（あるいは2 辺）が長くなります。この長辺の影響で解析精度が悪くなってしまいます。

同じ三角形要素で同じアスペクト比でも要素形状は**図5-3-3** の実線と一点鎖線のように多様な形状となります。これらを組み合わせてモデルを再現します。

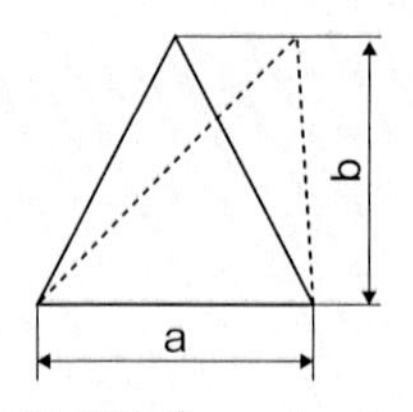

アスペクト比　a : b＝1 : 1

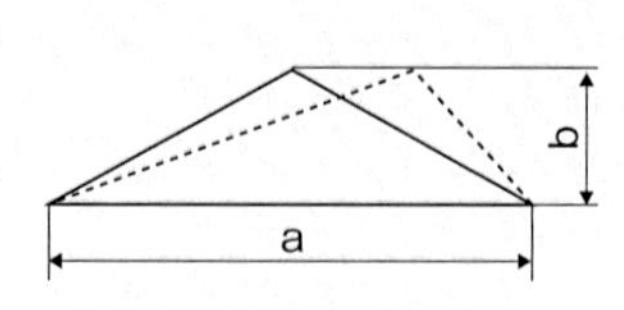

アスペクト比　a : b＝2 : 1

図5-3-3 アスペクト比の違い

Column　メッシュサイズと解析時間

メッシュサイズを小さくすれば解析精度が高くなる一方で、解析時間が長くなるデメットがあります。

これを解決するためにはモデル形状の変化が大きい部分や応力が高くなると予想される部分のメッシュのみを小さくし、影響の少ない部分はメッシュを大きくする方法があります。

もう1つの方法として、メッシュサイズは変えずにメッシュの変形に高次関数を利用する方法があります。これは2次関数、3次関数、・・・、*n*次関数を用いてメッシュの変形を曲線で近似する。次数を上げていくことで、より複雑な形状を精度よく再現するものになります。

前者をアダプティブH法、後者をアダプティブP法と呼びます。

[アダプティブ法が使えるcaeソフトの例]
Ansys、SOLIDWORKS Simulation、Creo Simulate、など

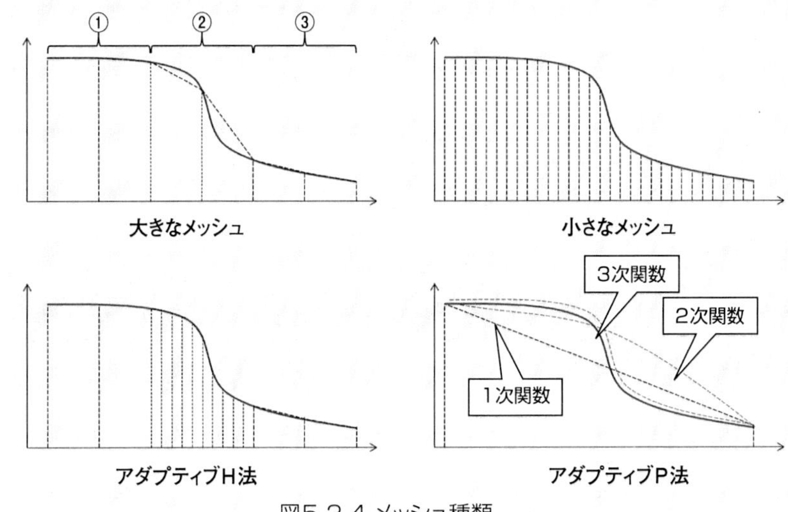

図5-3-4 メッシュ種類

図5-3-4に示すように大きなメッシュの場合、領域①と③のように変化の小さい部分は精度良く再現できますが、領域②のように変化の大きい部分では誤差が大きくなってしまいます。

全体のメッシュを小さくすれば精度よく再現できますが、メッシュ数が増えるため解析時間が増大することになります。

そこで変化の大きい部分のみメッシュを小さくすることで解析時間の増大を抑制できます。(アダプティブH法)

あるいは、高次関数によって曲線近似すれば、モデルを精度良く再現することができます。(アダプティブP法)

実務における課題と問題

課題 曲げ、圧縮など複数の応力が発生する軸の強度確認を行うことになった。上司から「軸の内部に発生する内部応力が重要やねん。確認せなあかんで」と指示があった。

問題 確認の手段がわからないため、破壊試験を繰り返すことにした。これは正しいか？

解答選択欄　○ or ×

【解説】ソリッド要素で解析を行えば、その結果を断面表示することで、内部に発生する応力分布を確認することができます。何度も破壊試験を繰り返すよりも、CAEで確認して最終確認として破壊試験を行うことで、試作や試験に必要なコストと時間を削減できます。

よって解答は×になります。

メモメモ　応力解析について補足します。

熱応力と曲げ応力がかかる軸の応力解析を行った結果の例を図5-3-5に示します。断面表示をすることで内部の応力分布を確認することができます。

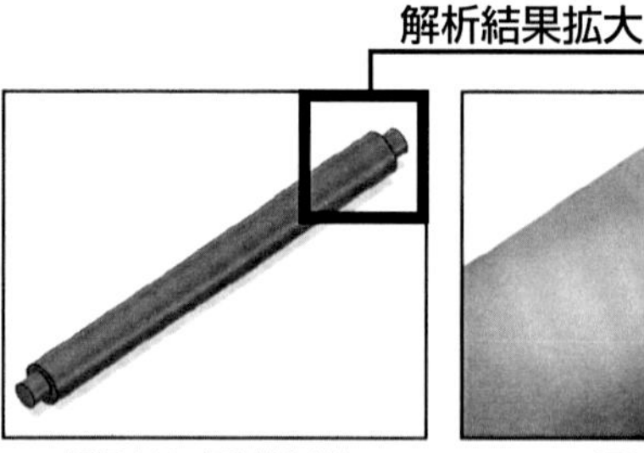

解析対象（段付き軸）

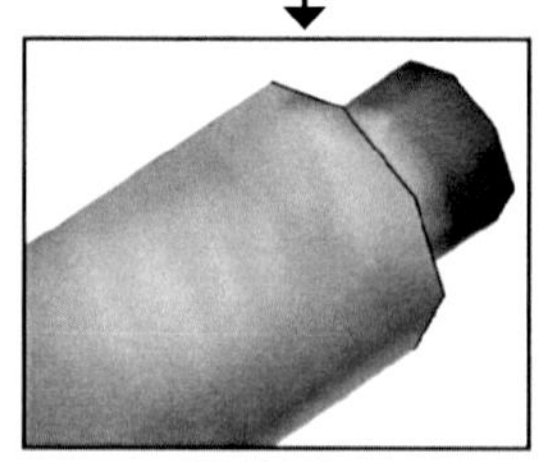
解析結果

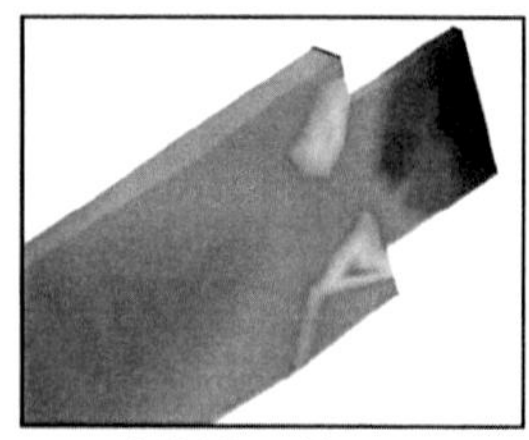
解析結果断面図

図5-3-5 段付き棒解析結果

＊コンピュータ上では最大値を赤色、最小値を青色として応力分布をカラーグラデーションで表記することができます。

Column CAE を上手く使い、過剰設計を抑えてコストダウンを図る。

ある製品の開発設計時に、セラミック部品でどうしても一定の荷重を受け持つ必要がありました。セラミック部品の片側をボルト止めで固定し、反対側に荷重を受ける、つまり先端に集中荷重を受ける片持ち梁の状態でした。

セラミックは割れやすいため、当初は固定側を太くして荷重を受ける側を細くするテーパ形状をスペースが許す限りとっていました。

CAE 解析を行い内部の応力分布を確認したところ、固定側のボルト近辺で高い応力分布を示していますが、より外側の部分にはほとんど応力が発生していないことがわかりました。

これはつまり固定側の外形をもっと細くできることを示唆しています。外形を細くすることでセラミック素材の使用量を削減することができ、コストダウンに繋がるというわけです。

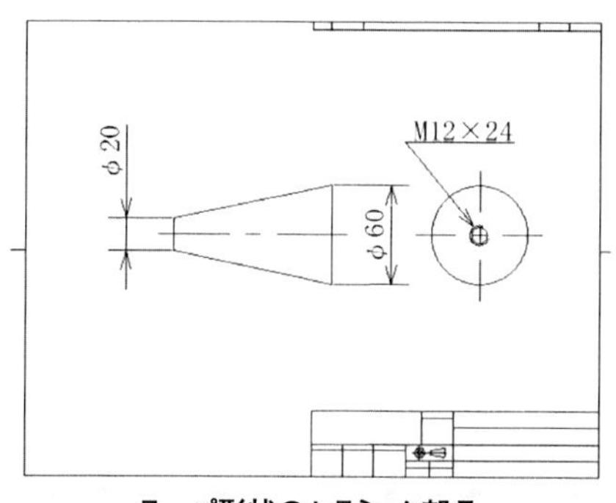

テーパ形状のセラミック部品

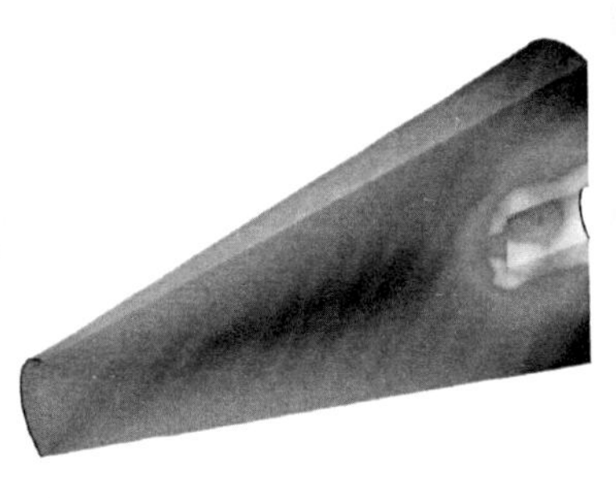

内部応力分布の様子

図5-3-6 テーパ軸解析結果

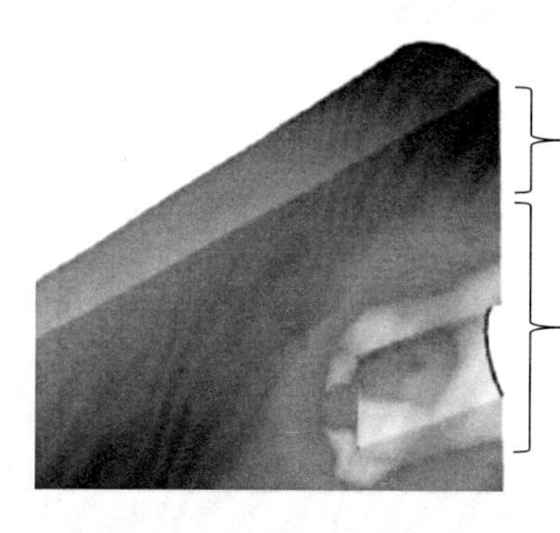

図5-3-7 内部応力分布の拡大図

実務における課題と問題

課題　**熱源の表面温度を下げるために放熱フィンを設計したところ、「放熱フィンの効果をちゃんと確認せなあかんで」と指摘された。**

問題　放熱効果の確認のために、試作と実験を繰り返したが、これは正しいか？

解答選択欄　○ or ×

【解説】 放熱フィンの効果は次の2点を考慮すればCAE解析が可能です。

1．放熱フィン中での熱移動（熱伝導）
2．放熱フィンから空気中への熱移動（熱伝達）

CAEでの熱解析では、フィンの材質から熱伝導率と周囲の環境から熱伝達率を設定することで、放熱効果を解析することができます。CAE解析で確認をすることで、試作と実験の手間を削減することができ、開発期間の短縮やコストダウンにつなげることができます。

よって解答は×になります。

メモメモ　熱伝導率と熱伝達率について補足します

各種材料の熱伝導率と、各種環境での熱伝達率の参考値を列記します。
数値が大きいほど熱を伝えやすくなります。

表5-3-4 熱伝導率の例(参考)

ダイヤモンド	1000～2000 W/(mK)
金	319 W/(mK)
アルミ	236～255 W/(mK)
鉄鋼	43 W/(mK)
ステンレス	16～21 W/(mK)
エポキシ樹脂	0.21～0.35 W/(mK)
ガラスウール断熱材	0.04 W/(mK)

表5-3-5 熱伝達率の例(参考)

ダイヤモンド	1000～2000 W/(mK)
金	319 W/(mK)
アルミ	236～255 W/(mK)
鉄鋼	43 W/(mK)
ステンレス	16～21 W/(mK)
エポキシ樹脂	0.21～0.35 W/(mK)
ガラスウール断熱材	0.04 W/(mK)

Column　CAE利用のメリット

筆者が本格的にCAEを利用したのは、熱CVD*1に使用するガラスチャンバーの強度計算でした。

熱応力と内圧のかかるガラスチャンバーは1本数十万円と高コスト。
試作・実験を繰り返して割れない構造を設計する時間もなければ、費用もない。

というわけで熱応力と内圧の組合せでCAE解析を行い、応力集中部に補強を設けるなど対策を施した構造を設計しました。

試作・実験を削減できることは設計者がCAEを行う大きなメリットの1つです。
ほかには次のようなメリットがあります。

・応力分布や温度分布など現実には可視化が難しい現象を可視化できます。
・材料内部の応力分布など、手計算では複雑で困難な計算を解くことができます。
・超高圧や超高温、超大型など現実では再現が難しい極限状態を解析することができます。
・解析により試作実験の回数を減らし、開発期間の短縮やコストダウンが可能です。
・解析結果がグラデーションで表現されるので、第三者にも理解しやすい資料が作れます。

*1　熱CVD（Chemical Vapor Deposition）は、任意の物質表面に目的の薄膜を形成するための技術の一つです。チャンバー内部に物質を配置し、そこに反応ガスを送ってヒーターなどで加熱することで熱分解を生じさせて目的の生成物（薄膜）を形成させます。

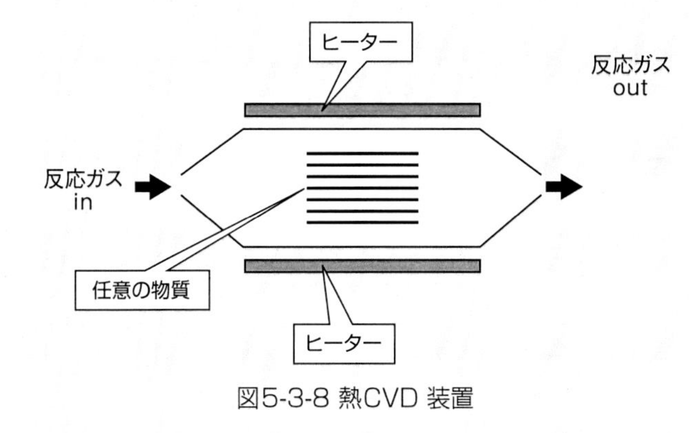

図5-3-8 熱CVD 装置

5章で学んだこと

ステップ１ 効率良く設計を行うマストツールCAD について学ぼう！

◆CAD はコンピュータ上で設計モデルを作成するものです。

◆CAD 上で自由に作図補助線を描きこんだり、線が不要なときには一時的に非表示にしたりすることで、効率良く作業ができます。

◆ヒストリーベースの3 次元CAD では、作業履歴をさかのぼって編集作業をすることができます。

◆3 次元CAD 上で干渉チェックするためには、ソリッドモデルを作成する必要があります。

ステップ２ 加工現場で使われるCAM について学ぼう！

◆CAM はコンピュータ上で生産・加工用データを作成するものです。

◆CAM を使うとコンピュータ上で加工をシミュレーションすることができます。
つまり加工時のトラブルを事前にチェックすることができます。

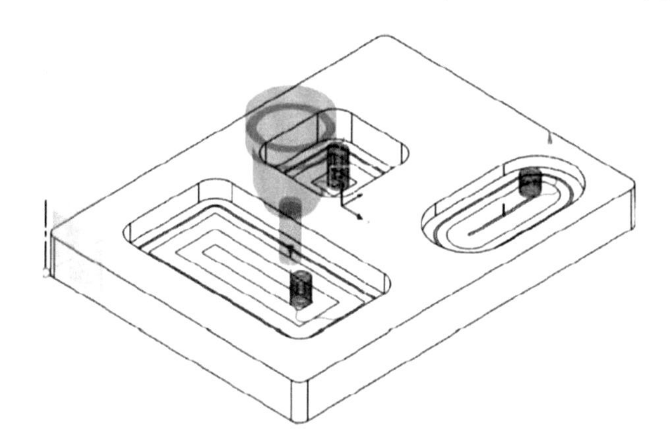

ステップ３ 設計の質を高めるCAE について学ぼう！

◆CAE はコンピュータ上で各種シミュレーションを行うものです。

◆計算に当たり、国際的にはSI 単位系が使用されています。

◆解析のためにまずメッシングを行います。メッシングが細かい程解析精度が上がりますが、解析時間が長くなります。

◆効率の良いメッシング法にアダプティブP 法とH 法があります。

◆CAE を使うことで、試作・実験回数を削減したり、実験で確認することが難しい現象を解析したりと、様々なメリットがあります。

第6章　企業戦略-特許

あなたの知恵を守りましょう。知恵にこそ価値が宿ります。

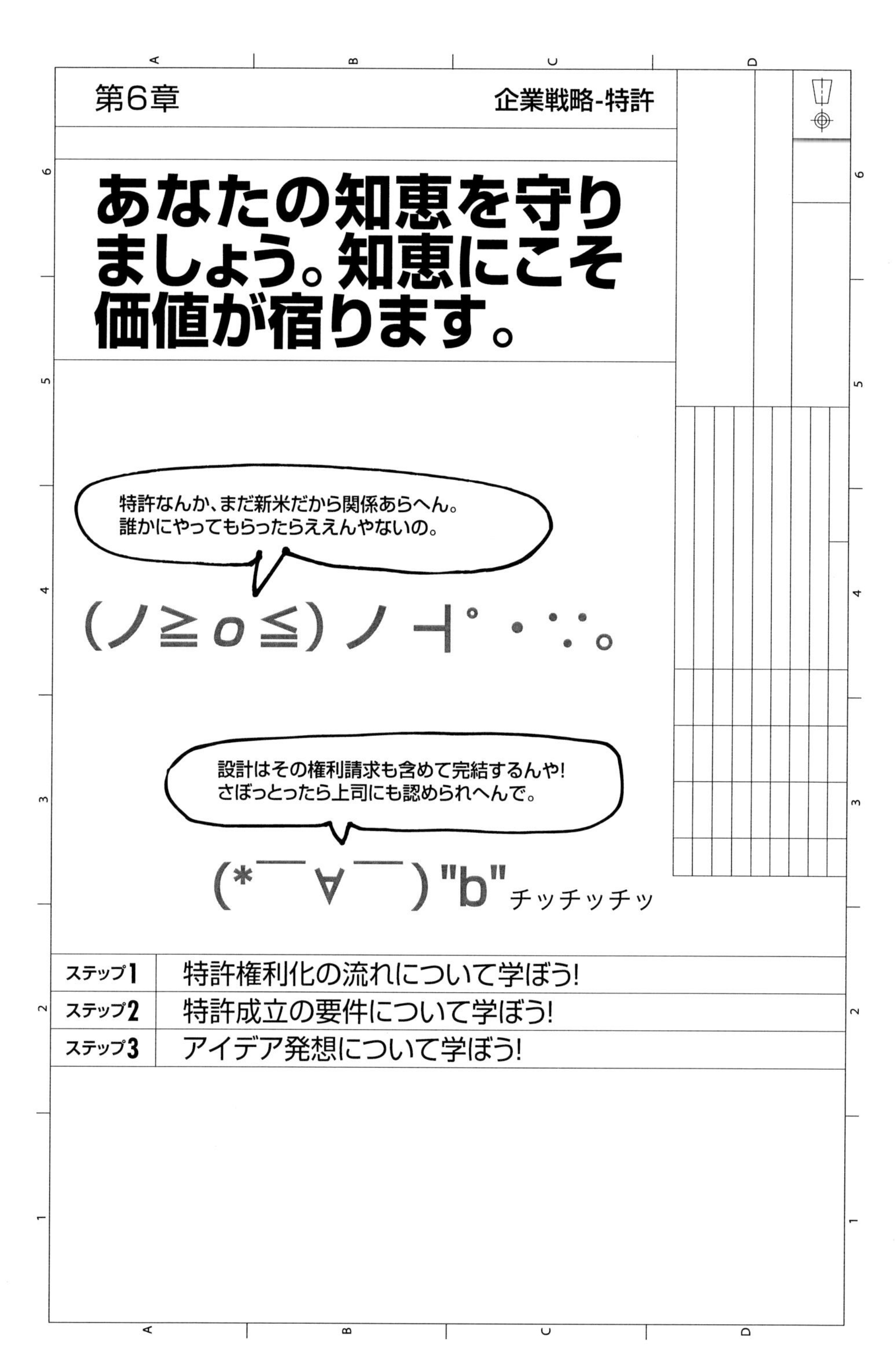

ステップ1	特許権利化の流れについて学ぼう!
ステップ2	特許成立の要件について学ぼう!
ステップ3	アイデア発想について学ぼう!

実務における課題と問題

課題　「設計お疲れさん！よそにまねされへんように知的財産権。ちゃんと権利主張できるよう申請せなあかんで」と上司から指示があった。

問題　新製品に使われている発明の保護に必要な権利は次のうちどれか？

解答選択欄　イ　商標権　　ロ　意匠権　　ハ　実用新案権　　ニ　特許権

【解説】

イ　商標権は名称やロゴなど、他社の商品と区別するための目印の使用権を押さえるものです。

ロ　意匠権は形状や色彩などの権利を押さえるものです。

＊上記2点はいずれも、発明を保護する目的のものではありません。

ハ　実用新案権の取得には、その考案の新規性や進歩性などを審査する実体審査が不要です。
一方で実用新案権の権利を行使するには、登録実用新案についての新規性や進歩性の評価を示すための「実用新案技術評価書」を提示する必要があります。

ニ　特許は対象となる発明を保護するものです。他者が権利を侵害した場合、差し止めや損害賠償を請求することができます。

つまり確実に発明の保護をするためには特許取得が必要です。

よって解答は二になります。

メモメモ　実用新案技術評価書について補足します。

「実用新案技術評価書」は特許庁に申請し、特許庁の審査官に作成してもらう書類になります。 評価の結果、新規性や進歩性などが認められず権利の有効性について否定的な内容となることもあります。

この場合でも権利行使は可能ですが、後に無効審判の請求で権利が無効になってしまうと、逆に損害賠償を請求される可能性もあります。

確実に権利を行使するためには実用新案権の登録だけでは不足で、肯定的な実用新案技術評価書を得られてはじめて意味を成します。

Column　知的財産権

筆者は20代のころ、恥ずかしながら「知的財産権＝特許」と思っていました。普段生活する分には全く困らないですが、技術者としてはちょっと（いや、かなり？！）恥ずかしいですよね。

知的財産権には「産業財産権」「著作権」「その他」の3つに大別されます。

ここで、当時の反省も含めて知的財産権について整理しておきます。

表6-1-1 知的財産権の種類

分類		内容	期限
産業財産権（工業所有権）	特許	• 発明を保護します。 • 発明とは次のものをいいます。 「自然法則を利用した技術的思想の創作のうち高度のもの」 • 発明には「物」、「方法」、「物の生産方法」の3つのタイプがあります。　特許庁による実体審査を受ける必要があります。	出願から20年
	実用新案権	• 発明ほど高度な技術的アイデアではない、小発明と呼ばれるアイデアを保護します。 「物品の形状、構造又は組合せに係るもの」が対象です。 • 特許庁による実体審査を受ける必要はありません。 • 本権の申請には5つの基礎的要件を満たす必要があります。	出願から10年
	意匠権	• 意匠を保護します。 • 意匠とは、次のモノをいいます。 「物品の形状、模様若しくは色彩又はこれらの結合であって、視覚を通じて美感を起こさせるもの」	登録から25年（2020年4月1日より）
	商標権	• 自社が取り扱う商品やサービスと、他社が取り扱う商品やサービスとを区別するための目印となる商標を保護します。	登録から10年
著作権		• 文芸、学術、美術、音楽などにおいて、作者の思想や感情が表現された物を保護します。 • コンピュータプログラムも含みます。	著作者の死後70年
その他	回路配置利用権	• 半導体集積回路の回路配置に関する法律（半導体回路配置保護法）に定められた権利です。 • 半導体集積回路の回路配置を保護します。	登録から10年
	育成権	• 植物の新たな品種を開発(育成)した場合、これを独占的に利用する権利を保護します。	登録から25年（樹木30年）
	不正競争の防止	• 事業者間の公正な競争を確保するための不正競争防止法による知的財産権の保護です。 • 未登録の周知や著名な商標、商品形態の模倣、営業秘密の不正取得・利用など、知的財産に関する不正競争を防止するためのものです。	

特許権利化の流れについて学ぼう!

実務における課題と問題

課題　「特許出願から登録までに必要な書類はジャストインタイムで用意するもんや！」と上司から指示があった。

問題　特許登録をするための手続きとして出願者側で対応する必要がないものは次のうちどれか？

解答選択欄　イ　出願　ロ　出願審査請求　ハ　実体審査
ニ　意見書・補正書

【解説】 出願者が特許を出願しただけではその内容や特許登録に値するかどうかの審査、実体審査は行われません。

出願審査請求書の提出を受けて、特許庁で実体審査が始まります。

特許を認められない理由がある場合は特許庁から拒絶理由通知書が送られてきます。拒絶理由に対して反論がある場合は出願者は意見書・補正書を提出することができます。 実体審査は特許庁が行うことです

よって解答はハになります。

なお、ジャストインタイム（Just In Time：JIT）とは、必要なものを必要な時に必要な量だけ作成する方法のことです。

メモメモ　特許願（出願）と出願審査請求書類の記入項目について補足します。

特許願には宛名や出願人の情報に加えて、次の項目を記す必要があります。

1 特許請求の範囲（クレーム）　2 明細書
3 図面　4 要約書

とくに、特許請求の範囲・明細書は特許庁の審査対象であり、特許を受けた後は権利書となる重要な書類になります。特許請求の範囲は出願書類の中心部で次の点に留意します。

・特許を受けようとする発明を特定するために必要な事項のすべてを記載します。
・従来技術と発明の構成を比較し、発明のみが解決できる課題を特定します。
・特定した課題を解決するために必要な構成を検討し、特許を受けようとする発明と技術的範囲を明文化します。

一方、出願審査請求書は申請日や先に提出した特許願の出願番号、請求の情報などのみを記載して提出する、手続き上の書類になります。

メモメモ　出願と出願審査請求について補足します。

出願と出願審査請求がなぜ分かれているのかを考えてみます。

まず、出願をすることで先願主義における先に出願したものと認められます。このタイミングで出願審査請求も行ってしまえば簡単のように思えます。

ここで、特許成立にかかわるコストを確認します。

出願料	14,000円
出願審査請求	138,000円+4,000円×請求項の数

＊2019年12月現在

特許出願の時点で新規性が求められるため、当然その技術を使った製品はまだ市場に出回っていません。特許取得後に製品化して市場に投入しても売れるかどうかわかりません。このような状態でおよそ15万円の費用をかけることにはリスクがあります。

出願から審査請求までは3年の猶予があるので、まずは出願をしておき製品化、市場に投入後の売れ行きを見てから審査請求を行うかどうかを決めるとよいでしょう。

実務における課題と問題

課題　上司から「去年に出願した案件の出願審査請求がまだ出てへんな！いつ出すねん！？」と指摘された。

問題　該当技術を使った製品がようやく市場に投入されたところです。「あと2〜3年は売れ行きの様子を見て、他社が真似し始めたタイミングで請求します」と答えたがこれは正しいか？

解答選択欄　○ or ×

【解説】　出願審査請求は出願から3年以内に行わないと出願が取り下げられてしまいます。すでに出願から1年ほど経ったものを、さらに2〜3年様子を見ている間に3年が過ぎてしまい、出願が取り下げられてしまいます。

よって解答は×になります。

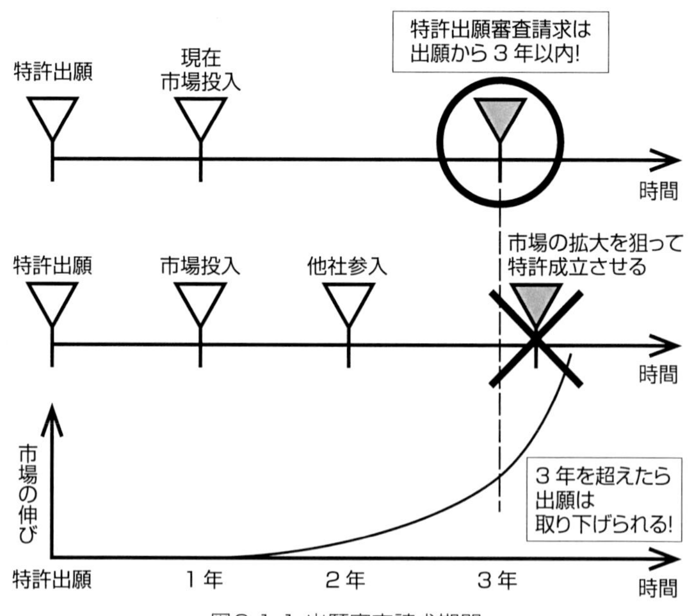

図6-1-1 出願審査請求期間

Column　サブマリン特許

対象となる技術が世の中で広く使われるようになってから狙ったかのように成立させる特許を、サブマリン特許あるいは潜水艦特許と呼びます。

サブマリン特許の事例の1つにSDRAM特許があります。

ラムバス社（米国）は当初SDRAM規格策定の参加企業の1つでしたが、自社の特許を秘匿し、SDRAM規格に基づく製品が普及したときを狙って米国で特許を成立させました。そして2000年ごろからメーカーに自社の特許がSDRAMに使用されているとして実施料を請求して回りました。

これは特許侵害訴訟として法廷で争われ、最終的には2013年にラムバスとマイクロンとでクロスライセンス契約を締結して完結となりました。

広く普及した技術に対し、ある日突然サブマリン特許が明らかになると、該当技術による製品・サービスを提供している企業は権利者から膨大な使用料を要求されることになります。

1971年以前の日本、2000年以前の米国においては、特許として登録されるまで（出願しただけでは）公開されませんでした。

また、1995年以前の日本、1996年以前の米国においては特許の有効期間は登録日から起算するとされていました。（出願日は関係ない）

これらのため、旧制度のもとではサブマリン特許を回避することは不可能でした。

ある日突然、特許が成立して多額の使用料を請求される。このような事態を防ぐために出願から1年6カ月での出願公開や、出願から出願審査請求までは3年以内という期間の規制があります。

特許権利化の流れについて学ぼう!

実務における課題と問題

課題　**上司から「特許登録の進捗はどないや？」と質問された。**

問題　特許の権利化までの流れとして、正しいものはどれか？

解答選択欄

イ　審査請求→出願→方式審査→実体審査→特許公報発行
ロ　出願→方式審査→審査請求→実体審査→特許公報発行
ハ　出願→審査請求→方式審査→実体審査→特許公報発行
ニ　審査請求→出願→方式審査→実体審査→特許公報発行

【解説】　特許事務所などの弁理士を通さずに特許出願から取得までを行うときの流れは次の通りです。

(1) 出願（出願人）
特許庁のHPから書類をダウンロード、記入して特許庁へ提出します。
(a) 方式審査（特許庁）
特許庁の専門官が申請書類に手続き的、形式的に問題がないか審査を行います。
(b) 出願公開（特許庁）
特許申請の日から1年6カ月余り経つと、特許庁から申請の内容が公開されます。

(2) 出願審査請求（出願人）
特許申請後、方式審査のみではなく発明の内容などについても審査してもらうために出願審査の請求手続きを行う必要があります。
(c) 実体審査（特許庁）
審査請求を行うと、特許庁の審査官が特許申請書類に記された発明の具体的な中身などについて審査を行います。
(d) 拒絶理由通知書（特許庁）
特許申請を認められない理由がある場合、拒絶理由通知書が発送されます。

(3) 意見書・補正書（出願人）
拒絶理由を受け取った場合、出願人は拒絶理由を解消するために意見書により意見を述べたり、補正書の提出で内容を補正したりすることができます。
(e) 特許査定または拒絶査定（特許庁）
発明の中身に問題が無ければ特許査定となり、特許料を納めて特許取得となります。 特許取得した内容が特許公報に掲載されます。

よって解答はロになります。

メモメモ　**特許成立の流れについて補足します。**

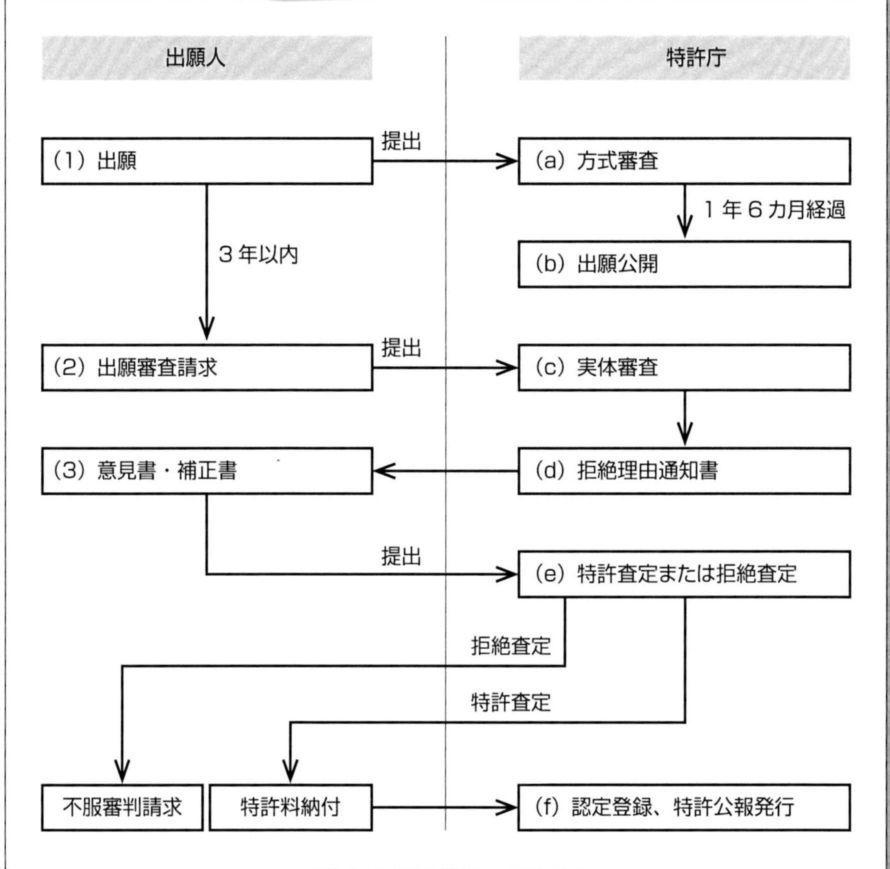

図6-1-2 特許登録までの流れ

拒絶査定を受け取った場合、不服があれば不服審判請求ができます。

メモメモ　特許と実用新案権の違いについて補足します。

産業財産権に分類される中で、特許権と実用新案権の違いは実体審査を受ける必要があるかないか？です。
特許は実体審査を受ける必要があります。
実用新案権は実体審査を受ける必要がありません。
実体審査とは出願された技術などが、特許登録に該当するかどうかを判断する審査のことをいいます。

審査を受ける必要がない分、実用新案権は簡易に素早く権利化できるメリットがあります。
ただし、実用新案権取得には5つの基礎的要件を満たす必要があります。

(1) 保護対象違反

保護の対象は「自然法則を利用した技術的思想の創作」あるいは「物品の形状、構造又は組合せに係る考案」に関するものです。
これに該当しなければ認められません。

(2) 公序良俗等違反

偽造貨幣製造装置などのように、公序良俗に反するものは当然認められません。

(3) 実用新案登録請求の範囲の記載に関する委任省令要件違反

・請求項ごとに行を改め、一の番号を付して記載されていない場合
・請求項に付す番号について、記載する順序により連続番号となっていない場合
・請求項の記載における他の請求項の記載の引用がその請求項に付した番号によりなされていない場合
・他の請求項の記載を引用して請求項が記載される際に、その請求項が引用する請求項より前に記載されている場合

要するに文章の構造が所定の形に従っていないと認められません。

(4) 考案の単一性違反

複数の発明を一つの発明として申請する際に、その発明の間に技術的な関連性や共通性がなければ（単一性がなければ）認められません。

(5) 明細書、実用新案登録請求の範囲又は図面の著しい記載不備

提出書類に不備があれば当然認められません。

MEMO

実務における課題と問題

課題　出願のために知財部にまわしていた案件について、「当該技術は2年前に他社から出願されていました」と回答がきた。

問題　「本件は3年前から進めており、アイデアとしてはこちらの方が早いのでそのまま出願してください」と答えた。これは正しいか？

【解説】 同じ発明をした人が２人以上いた場合、誰が先に発明をしたかにかかわらず、先に特許庁に出願したもの（出願日が早いもの）に権利を付与する主義を先願主義といいます。

一方で同じ発明をした人が２人以上いた場合、出願日にかかわらず、先に発明したものに権利を付与する主義を先発明（せんはつめい）主義といいます。

日本の特許制度は先願主義を採用しています。

よって解答は×になります。

メモメモ　先願主義について補足します。

日本を含め世界の多くの国は先願主義を採用していて、かつては米国とフィリピンのみが先発明主義を採用していました。
「先に発明したものが権利を得る」先発明主義は、その考え方は正しいものではありますが、実用上いくつかの問題があります。
先発明主義では、Laboratory Notes（研究ノート）に研究活動を記録することで発明時期の証明に使えることがあります。
このため申請をしなくとも、ノートの記録をもって後出しじゃんけんができてしまう問題があります。
つまり発明を利用した製品が広く世の中に広まったころになってから「実は私が先に発明をしていました」と名乗り出ることで、製品を開発・販売した企業に莫大な金銭請求を行うことが可能となってしまうという大きな問題があります。
この悪影響があまりに大きすぎるため、1998年にはフィリピン、2013年には米国のそれぞれが先発明主義から先願主義に移行しています。

実務における課題と問題

課題 「うちの部の特許の出願件数がまずいわ〜。このままやと今年度の目標達成できへんわ〜」と今週中に何か特許の案件を出すように上司から指示があった。

問題 特許の出願案件として認められる可能性が最も高いものは次のうちどれか？

解答選択欄

イ　実験で偶然得られた未知の事象を応用した技術。
ロ　電車等でよく利用される回生ブレーキを応用した発電システム。
ハ　新しい製造組立ラインで使ったロボット応用技術。
ニ　自社の業界では世界初となるIoTを応用した遠隔操作ができる製品。

【解説】 特許を登録するための要件の1つに「進歩性のある発明である」ことがあります。

特許法第29条第2項では、その発明の属する技術の分野における通常の知識を有する者が先行技術に基づいて容易に発明をすることができたときは、その発明（進歩性を有していない発明）について、特許を受けることができないことを規定しています。

イ　偶然とはいえまだ世に知られていない事象を応用したものは進歩性のある発明として認められる可能性があり、特許の出願案件として適しています。
ロ　回生ブレーキは電車や電気自動車などで広く応用された技術であり、ブレーキによる発電を応用している限りは進歩性のある発明と認められる可能性は低いでしょう。
ハ　自社の新製品をロボットで組立をする製造ラインを作った場合、今までにない製品の製造ラインということで新しいものではあります。しかしロボットによる組立ラインは実現には困難があるとはいえ、生産技術の知識を持つ人であれば思いつく程度のものであり、進歩性がある発明と認められる可能性は低いでしょう。
ニ　業界内では世界初であったとしてもそれを実現するために応用したIoT技術は遠隔操作のために広く応用されている技術であり、やはり進歩性があると認められる可能性は低いでしょう。

よって解答はイになります。

Column　ロボット·応用技術の進歩性

ロボットを使った新しい製造ラインは、知識がある人であれば（あるいはそうでなくとも）誰でも思いつく程度のものであり、進歩性が認められない可能性が高いです。

しかし例えば・・・

ロボットのハンドはどうでしょうか？

あるいはワークの搬送システムや機構はどうでしょうか？

さらに部品の供給システムや機構はどうでしょうか？

これらの部分は独自に設計をする必要があり、設計者本人が気づかないまま特許要件を満たすようなアイデアが盛り込まれている場合があります。

特許出願に値するアイデアが入っていないか？という視点で構想を見直して相談してみる。あるいは設計で壁にぶち当たったときには、従来の発想から抜け出して特許となりうるような新しい発想、過去に例がないやり方を取り入れることも大切なことです。

生産システム・機構などは内容によっては特許を出さずに社内の機密ノウハウとして文書化保存することもあります。あえて特許を出さない判断も企業戦略の1つです。

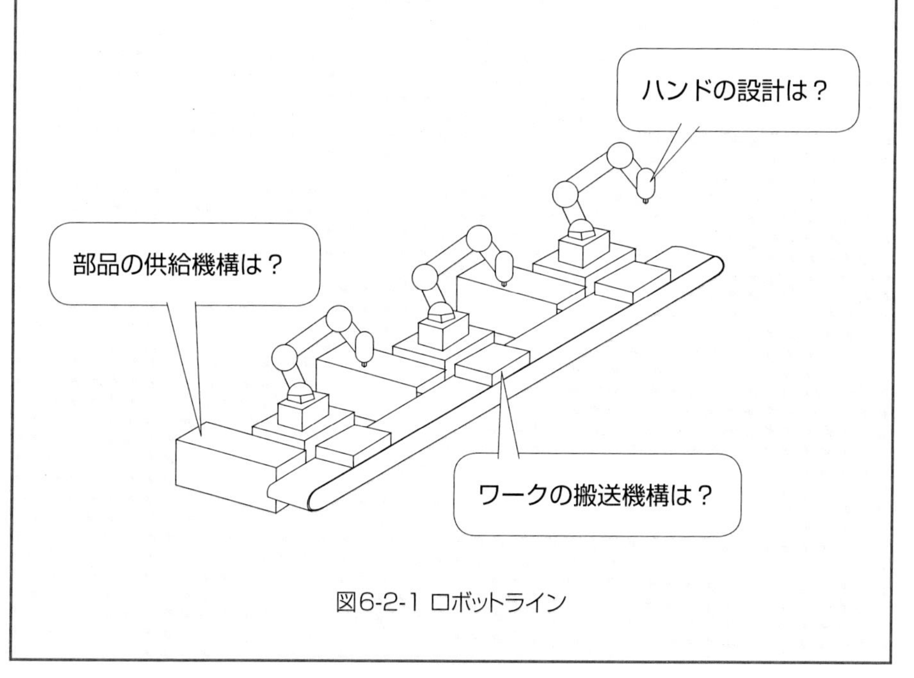

図6-2-1 ロボットライン

実務における課題と問題

課題　部長から「先月社長に報告した内容やったら出願いけるやろ」と助言があった。

問題　特許には新規性が必要だが、新規性が失われていないと判断される基準がわからない。次のうち新規性が失われていないと判断されるものはどれか？

解答選択欄

イ　会社HPで発表した技術　　ロ　社内で公表した案件
ハ　新聞や書籍に掲載した技術　　ニ　展示会で発表した技術

【解説】 特許を登録するための要件の1つに「新規性のある発明である」ことがあります。

特許法第29条を引用します。

産業上利用することができる発明をした者は、次に掲げる発明を除き、その発明について特許を受けることができる。

一　特許出願前に日本国内又は外国において公然知られた発明
二　特許出願前に日本国内又は外国において公然実施をされた発明
三　特許出願前に日本国内又は外国において、頒布された刊行物に記載された発明又は電気通信回線を通じて公衆に利用可能となった発明

ここで「公然知られた発明」とあります。例えば学会や展示会、あるいは自社のHPで公開し不特定多数の人が知ることができる場合は当然、公然知られたものとなります。

一方で、社内発表などで同じ会社の人間が知ったとしてもそれは公然知られたものとはなりません。

公然知られたものとされるかどうか？その差は何でしょうか。答えは「守秘義務の有無」です。

同じ会社の人間であれば、社員には守秘義務がありますので新規性が失われたとはみなされません。

よって解答はロになります。

メモメモ　特許成立のための6要件について補足します。

特許成立のための6要件は次の通りです。

1. 特許法上の発明であること

特許法上の発明とは、「自然法則を利用した技術的思想の創作のうち高度のもの」です。計算方法や暗号作成方法などは自然法則を利用しないアイデアであり認められません。

2. 産業上利用することができる発明

明らかに実施不可能なアイデアは産業上利用することができないため認められません。

3. 新規性のある発明

客観的に見て新しい発明でなければなりません。

4. 進歩性のある発明

ある分野の知識を持つ人であれば思いつく程度の発明は認められません。

5. 先願の発明

日本の特許法は先願主義を採用しています。すでに出願されているものは認められません。

6. 公序良俗を害する恐れのない発明

紙幣の偽造装置など法律で禁止されているものは認められません。

実務における課題と問題

課題 「新製品のブランディングが大事やし、出願中であることを表記せなあかんで」と上司から指示を受けた。

問題 カタログや取扱説明書あるいは製品そのものに出願中であることを示す表記として、適切なものは次のうちどれか？

解答選択欄

イ　Rマーク（Registered Trademark）
ロ　CEマーク（CEは略語ではない）
ハ　TMマーク（Trademark）
ニ　PEマーク（PolyEthylene mark）

【解説】 商標とは自社のある商品・サービスを他社の商品・サービスと区別するために使用するマークのことです。

商標マークには、RマークとTMマークがあります。

イ　Rマーク
　特許庁へ商標を出願して商標登録を受けたことを示します。
ロ　CEマーク
　製品がEUで定められた安全性能基準を満たしていることを示すマーク。CEマークは公式に何の略語でもないとされています。
ハ　TMマーク
　登録を受けない商標。出願中の商標にはRマークではなくこちらを使用します。
ニ　PEマーク
　プラスチックの材質、ポリエチレンが使用されていることを示すマーク。他にPP（ポリプロピレン）、PS（ポリスチレン）などがあります。

商標出願中の名称にはTMマークを使用します。

よって解答はハとなります。

Column　PPAP商標登録

2016年8月、動画投稿サイト「You Tube」にお笑い芸人の古坂大魔王氏ふんするピコ太郎氏による楽曲、PPAP（ペン・パイナッポー・アッポー・ペン）という動画が投稿されました。

シンプルで意味のよくわからない歌詞と軽快なリズム、子どももマネしやすいダンスで一世を風靡しました。

しかし発表後、PPAPとは無関係の他者が商標を出願したことが話題になりました。

これによりピコ太郎氏はPPAPを使えなくなるのでは？！と憶測が飛び交いました。

商標登録は特許と同じく出願しただけでは権利の行使は認められません。出願後、手数料を支払い、審査を受けて問題がなければ登録されて初めて権利が認められます。

次の3点が認められれば審査は通りません。

（1）申請した商標を使った商品、サービスなどが実現する可能性が低い。

（2）他人が許可なく著名な名称で出願する。

（3）「五輪」のような公共性の高い名称を出願する、などに該当する。

PPAPの場合に限らず、著名な言葉やフレーズ名称を無関係の会社や個人が勝手に商標出願するケースがありますが、そのいずれの場合も「（2）他人が許可なく著名な名称で出願する。」に該当する可能性が高いと考えられます。つまりいくら無関係の会社が出願をしたところで、許可を得ない限りは商標登録（権利化）される可能性は限りなく低いでしょう。

なお、PPAPは後日ご本人が出願され、他者の出願は特許庁により却下され、ご本人の出願が認められています。

実務における課題と問題

課題 「営業とやったあれいけるやろ！」と今期、営業と一緒に新しく作ったインターネットを使った販売方式の出願を上司から提案された。

問題 「販売方式はビジネスモデルであり、特許の対象にはならないと思います」と答えたがこれは正しいか？

解答選択欄 ○ or ×

【解説】 誰に何をどのように提供するか？を確立する、例えばメーカーとして製品を作り商社に提供する、小売店として多用なメーカーから製品を仕入れ一般ユーザーに提供する、などのビジネスモデル自体は特許になりません。自然法則を利用した技術的思想の創作に当たらない可能性が高いからです。

しかしITの発達によりITを利用したビジネスモデルにはビジネスモデル特許が認められるケースがあります。

ビジネスモデル特許とは広義には「ビジネスの方法に関する発明に与えられる特許全般のこと」ですが、一般的にはより狭義に「インターネットやコンピュータを使ってシステム化されたビジネス方法に関する特許」という意味で用いられます。

インターネットを使った販売方式は、内容によってビジネスモデル特許として認められます。

よって解答は×となります。

メモメモ　ビジネスモデル特許について補足します。

ビジネスモデル特許にも当然通常の特許で必要な要件を満たす必要があります。よって特許法上の発明であることや新規性、進歩性、先願の発明であることを満たす必要があります。

また、ビジネスモデル特許はコンピュータやモバイル機器などのハードウェアにビジネスモデルを実現するためのソフトウェアを組込んだ、システム発明に与えられるものになります。

Column　ビジネスモデル特許の転機 ～SSB事件～

ビジネスモデル特許とは、ビジネスの方法に関する発明に与えられる特許全般のことです。

かつての米国ではビジネスの方法に特許性はないと考えられていました。

あるときシグネチャー・ファイナンシャル・グループが特許取得した投資信託管理システムの特許（通称ハブ＆スポーク特許）に対してステート・ストリート・バンク社が「ハブ＆スポーク特許はビジネスの方法であり特許として無効である」という訴えを起こしました。

当時の米国における大方の予想は「ステート・ストリート・バンク社が勝つ」という見方でした。そして大方の予想通り、マサチューセッツ地裁が特許性無効の判決を下しました。

これに対しシグネチャー・ファイナンシャル・グループは控訴して、舞台は特許を専門に扱う連邦巡回控訴裁判所に移されました。

そして1998年の控訴審でステート・ストリート・バンク社が敗北、翌1999年1月最高裁も控訴審判決を支持し、シグネチャー・ファイナンシャル・グループの特許権が認められました。

この判決を受けて「ビジネスの方法であるからといって直ちに特許にならないとはいえない」すなわちビジネス方法でも特許となりうることが示されたといえます。

ステート・ストリート・バンク社の訴えから始まった一連の裁判とそれにおけるビジネスモデル特許の判例を指してSSB事件と呼ばれます。

日本においては平成13年に拒絶査定され、平成16年には拒絶査定不服審判事件において特許が認められませんでした。

要するに日本においてはハブ＆スポーク特許は成立しませんでした。

ビジネスモデル特許の最も有名な事例の1つにワンクリック特許があります。

これはAmazon.comが保有する特許で、１回のクリックで商品のオンライン購入を実現する技術のことです。

日本でのビジネスモデル特許は次のようなものがあります。

・ソニー株式会社、チケット発券システムを2003年2月に出願し2008年10月に登録した。

・フリー株式会社、クラウドコンピューティングによる会計処理を行うための会計処理方法として、自動振り分けシステムを2014年7月に出願し、2016年5月に登録した。

実務における課題と問題

課題　「特許申請のためのアイデア出し会議やるでぇ！」と上司がいい出した。

問題　アイデア出しの手法としてふさわしくないものは次のうちどれか？

解答選択欄

イ　ブレーンストーミング	ロ　KJ法
ハ　TRIZ	ニ　タグチメソッド

【解説】

イ　ブレーンストーミング

集団でアイデアを自由に出し合い、相互の連鎖反応や新しいアイデアの誘発を期待する手法で次の4つの原則に従います。

1．結論厳禁　結論を出すことが目的ではない。
2．自由奔放　奇抜なものやユニークで斬新なアイデアを歓迎する
3．質より量　量を重ねることで質を高める。
4．便乗歓迎　人のアイデアに便乗し発展することを歓迎する。

ロ　KJ法

文化人類学者の川喜多二郎氏が考案したデータやアイデア整理の手法です。

ブレーンストーミングなどで抽出されたアイデアをカードに書き出し、グループ分けを行ったあとに図式化、叙述化を行います。「KJ法」は（株）川喜田研究所が商標登録しているため自社の製品を他社の製品と区別する「目じるし」として「KJ法」を表記した場合、商標権侵害に当たります。

ハ　TRIZ（トゥリーズ）

TRIZとは、Theory of Inventive Problem Solving（発明的問題解決理論）の頭文字をとったもので、技術的な問題解決の成果である特許情報を分析し、そのパターンを抽出すれば他の発明にも応用できるという考え方です。

旧ソ連のゲンリッヒ・アルトシュラーは、パターン体系化の研究を続けた結果TRIZの基礎理論を築き、40の発明原理にまとめました。

ニ　タグチメソッド

品質のバラつきや劣化などの品質トラブルが発生しないような設計・製造方法を確立するための品質管理手法です。

よって解答はニになります。

メモメモ　TRIZにおける発明原理40項目について補足します。

1	分割原理	分割して考える。
2	分離原理	不要なものをなくしたり別のところに移す。
3	局所性質原理	一部の機能・形・材質を変える。
4	非対称原理	非対称にしてみる。
5	組合せ原理	2つ以上を組合わせる。
6	汎用性原理	他で使ってみる。
7	入れ子原理	入子構造、階層化する。
8	つり合い原理	他と調整しバランスを良くする。
9	先取反作用原理	予測して反作用を先につけておく。
10	先取作用原理	予測して仕掛けておく。
11	事前保護原理	重要なところに保護を施す。
12	等ポテンシャル原理	様々な負荷を等しくする。
13	逆発想原理	従来とは逆にする。
14	曲面原理	回転させてみる。
15	ダイナミック性原理	環境に合わせて変化させる。
16	アバウト原理	完璧主義を捨てる。
17	他次元移行原理	2次元を3次元にしてみる。
18	機械的振動原理	振動させる。
19	周期的作用原理	一定の繰り返しをしてみる。
20	連続性原理	同じ動作を連続させる。
21	高速実行原理	スピードを上げる。
22	災い転じて福となす原理	マイナス面を利用する方法を考える。
23	フィードバック原理	結果を課程に取り入れる。
24	仲介原理	直接ではなく間接的に操作する。
25	セルフサービス原理	自動的に動くようにする。
26	代替原理	コピーを使ってみる。
27	高価な長寿命より安価な短寿命原理	使い捨てでできないか考える。
28	機械的システム代替原理	機械化する。
29	流体利用原理	水と空気を利用する。
30	薄膜利用原理	薄いもので覆ってみる。
31	多孔質利用原理	スキマを利用する。
32	変色利用原理	色を変えてみる。
33	均質性原理	性質を合わせる。
34	排除／再生原理	出さないか出たものを再利用する。
35	パラメータ原理	温度湿度濃度など性質を変える。
36	相変化原理	個体を気体・液体に変える。
37	熱膨張原理	熱で膨らませる。
38	高濃度酸素利用原理	酸素の濃度を上げる。
39	不活性雰囲気利用原理	反応の起きにくい環境を作る。
40	複合材料原理	材料を組合わせる。

ステップ1 特許権利化の流れについて学ぼう！

◆知的財産権には大きく、産業財産権（工業所有権）、著作権、その他の3つがあります。

◆特許は産業財産権の1つで発明を保護します。

◆特許は出願後も出願審査請求の提出、意見書・補正書の提出が必要です。

ステップ2 特許成立の要件について学ぼう！

◆特許成立には6つの要件があります。

1. 特許法上の発明であること
2. 産業上利用することができる発明
3. 新規性のある発明
4. 進歩性のある発明
5. 先願の発明
6. 公序良俗を害する恐れのない発明

＊誰でも思いつくようなアイデアは進歩性が認められません。

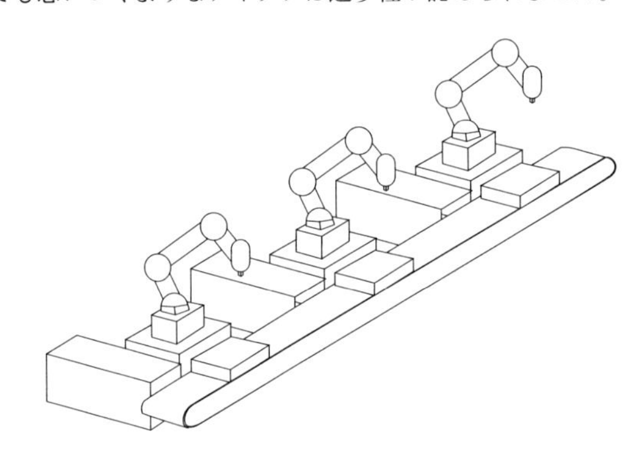

ステップ3 アイデア発想について学ぼう！

◆アイデアを制約なく集団で出し合う手法がブレーンストーミング

◆データやアイデアを整理する手法がKJ法

◆特許情報を分析し応用する手法がTRIZ

◆TRIZは40の発明原理にまとめられており、アイデア発想の手がかりとなります。

●監修者紹介

山田　学（やまだ　まなぶ）

1963年生まれ。兵庫県出身。技術士（機械部門）

(株)ラブノーツ　代表取締役。機械設計などに関する基礎技術力向上支援のため書籍執筆や企業内研修、セミナー講師などを行っている。

著書に、『図面って、どない描くねん！』『めっちゃメカメカ！基本要素形状の設計』（日刊工業新聞社刊）などがある。

●著者紹介

春山　周夏（はるやま　しゅうか）

1979年生まれ、京都府出身。春山技術士CE事務所　所長

・日新電機（株）生産技術にて設備設計開発と立上げに従事

・JFE物流（株）機構重機部にて機械器具設置業における営業所の専任技術者として大物機械更新工事の技術検討に従事

・TDK（株）テクニカルセンターにて自動組立ラインの開発と立上げに従事

平成30年3月　中小企業の生産技術を支援するため独立開業

令和元年12月　製造業技術コンサル協会を立上げ、代表に就任

セミナー実績として『生産現場の自動化「ＦＡ／ＩｏＴ／ＡＩ」技術入門』、『自動機設計の勘所　メカ編／制御編』などがある。また、月刊誌「機械設計」2020年4月号から『失敗しない！自動化設備の開発　虎の巻（全９回)』を連載中。書籍執筆は初。

設計の業務課題って、どない解決すんねん！

上司と部下のFAQ　設計工学編

NDC 531.9

2020年8月27日　初版1刷発行
2024年9月30日　初版6刷発行

監修者　山田 学
©著　者　春山 周夏

発行者　井水 治博
発行所　日刊工業新聞社
東京都中央区日本橋小網町14番1号
（郵便番号103-8548）
書籍編集部　電話03-5644-7490
販売・管理部　電話03-5644-7403
FAX03-5644-7400
URL　https://pub.nikkan.co.jp/
e-mail　info_shuppan@nikkan.tech
振替口座 00190-2-186076
本文デザイン・DTP――志岐デザイン事務所（矢野貴文）
本文イラスト――小島サエキチ
印刷――新日本印刷（POD5）

定価はカバーに表示してあります
落丁・乱丁本はお取り替えいたします。
2020 Printed in Japan
ISBN 978-4-526-08076-0　C3053